普通高等教育
软件工程 "十二五" 规划教材

12th Five-Year Plan Textbooks
of Software Engineering

Web 前端开发案例教程

——HTML＋CSS＋JavaScript

胡军 刘伯成 刘晓强 ◎ 编著

Web Design with HTML, CSS and JavaScript

人 民 邮 电 出 版 社

北 京

图书在版编目（CIP）数据

Web前端开发案例教程：HTML+CSS+JavaScript / 胡军，刘伯成，刘晓强编著. — 北京：人民邮电出版社，2015.5（2020.8重印）
普通高等教育软件工程"十二五"规划教材
ISBN 978-7-115-38863-6

Ⅰ. ①W… Ⅱ. ①胡… ②刘… ③刘… Ⅲ. ①超文本标记语言—程序设计—高等学校—教材②网页制作工具—程序设计—高等学校—教材 Ⅳ. ①TP312②TP393.092

中国版本图书馆CIP数据核字(2015)第080295号

内 容 提 要

Web 前端是一个网站开发的首要部分，前端开发的好坏直接影响到整个网站的交互效果。HTML、CSS 与 JavaScript 技术是所有网页技术的基础和核心，无论是在互联网上进行发布，还是编写可交互的应用程序，都离不开它们的综合应用。

本书以项目开发为主线，主要内容由 3 部分组成，第一部分（第 1 章～第 7 章）主要介绍使用 HTML 和 CSS 进行项目开发和设计；第二部分（第 8 章～第 11 章）主要介绍使用 JavaScript 技术做出常用的网页动态效果；第三部分（附录）主要介绍了 HTML5 基础和应用以及客户端页面开发规范等。

本书适合于高等院校 IT 专业的本、专科生学习，也可供希望从事网页设计与制作、网站开发及网页编程等行业的人员参考使用。

◆ 编　　著　胡　军　刘伯成　刘晓强
　　责任编辑　刘　博
　　责任印制　沈　蓉　彭志环

◆ 人民邮电出版社出版发行　　北京市丰台区成寿寺路 11 号
　　邮编　100164　　电子邮件　315@ptpress.com.cn
　　网址　http://www.ptpress.com.cn
　　三河市祥达印刷包装有限公司印刷

◆ 开本：787×1092　1/16
　　印张：16.75　　　　　　　　2015 年 5 月第 1 版
　　字数：438 千字　　　　　　2020 年 8 月河北第 10 次印刷

定价：39.80 元

读者服务热线：(010)81055256　印装质量热线：(010)81055316
反盗版热线：(010)81055315

前言

随着教育部"卓越工程师教育培养计划"的实施，培养工程实践能力和创新能力已成为各大院校培养学生的重点。本书以详实的项目案例开发为向导，致力于培养学生的工程实践能力和综合创新能力。

Web 前端是网站开发的首要部分，前端开发的好坏直接影响到整个网站的交互效果。Web 前端开发是从 Web1.0 时代的网页制作演变而来的，之前使用 Dreamweaver 和 Photoshop 就可以方便地制作网页。进入到 Web2.0 时代，如果要让网页的内容更加生动，提供更多交互形式的用户体验，以满足企业级别的需求，则需要掌握更多的 Web 前端开发技术，其中包括：HTML、CSS 、JavaScript、DOM、jQuery、HTML5 等。HTML、CSS 与 JavaScript 技术是所有网页技术的基础和核心，无论是在互联网上进行发布，还是编写可交互的应用程序，都离不开它们的综合应用。

本书以项目开发为主线，采用边讲边练的方式，适合于高等院校 IT 专业的本、专科生学习，也可供希望从事网页设计与制作、网站开发及网页编程等行业的人员参考使用。本书致力于通过深入浅出的讲解，带领读者进入丰富多彩的网页编程世界。本书内容可以划分为 3 个部分，包括 11 章和 2 个附录。

第一部分（第 1 章 ~ 第 7 章）主要介绍使用 HTML 和 CSS 进行项目设计和开发，从手写 HTML 开始，使用常用 HTML 标签和基本的 CSS 样式，到使用 Dreamweaver 工具制作网页，最后通过实战案例完成一个完整网站的设计、制作、测试及发布。

第二部分（第 8 章 ~ 第 11 章）主要介绍使用 JavaScript 技术做出的网页动态效果，包括 JavaScript 基础语法、DOM 编程和表单验证及常用特效等。

第三部分（附录）主要介绍了 HTML5 基础和应用以及客户端页面开发规范等。

本书作为教材使用时，建议学时数为 48 学时，可采用实训教学方式进行讲授。本书所有实验均提供实验源码，读者可登录人民邮电出版社教学服务与资源网（www.ptpedu.com.cn）免费下载。

本书第 1 ~ 8 章由刘伯成编写，第 9、10 章由胡军编写，第 11 章及附录由刘晓强编写，全书由胡军统稿。参与本书编写和校对的还有管春、刘凌锋、王卓、周裕、张墨力、赵晓琪、康彪彪、伍丝雨。

此外，本书的出版获得了南昌大学教材出版资助，在此一并表示感谢。

由于水平所限，书中难免有不足之处，恳请广大读者批评、指正。

编　者
2015 年 2 月

目　录

第 1 章
HTML 基础

学习目标
- 了解 Web 基本概念及 HTML 的发展史
- 使用 HTML 的基本结构创建网页
- 使用行级和块级标签组织页面内容
- 使用图像标签实现图文并茂的页面

1.1　Web 概述

Web 是一种典型的分布式应用结构。Web 应用中的每一次信息交换都要涉及客户端和服务端。因此，Web 开发技术大体上可以分为客户端技术和服务端技术两大类。

1.1.1　Web 客户端技术

Web 客户端的主要任务是展现信息内容。Web 客户端设计技术主要包括：HTML、CSS、JavaScript 等。

1. HTML

HTML 是 Hypertext Markup Language（超文本标记语言）的缩写，它是构成 Web 页面的主要工具。HTML 用于编辑文档的逻辑结构。

2. CSS

CSS 是 Cascading Style Sheets（层叠样式表）的缩写。通过在 HTML 文档中设立样式表，可以统一控制 HTML 中各标志外观显示属性。CSS 大大提高了开发者对信息展现格式的控制能力。

3. JavaScript 脚本语言

它是嵌入在 HTML 文档中的程序。使用脚本程序可以创建动态页面，大大提高交互性。JavaScript 具有易于使用、变量类型灵活和无须编译等特点。

1.1.2　Web 服务端技术

Web 服务器技术主要包括 PHP、ASP.NET 和 JSP 技术等。

1. PHP（Personal Home Page）技术

1994 年，Rasmus Lerdorf 发明了专用于 Web 服务端编程的 PHP 语言。与以往的 CGI 程序不同，PHP 语言将 HTML 代码和 PHP 指令合成为完整的服务端动态页面，Web 应用的开发者可以用一种更加简便、快捷的方式实现动态 Web 功能。

2. ASP.NET 技术

1996 年，Microsoft 借鉴 PHP 的思想，在其 Web 服务器 IIS 3.0 中引入了 ASP 技术。ASP 使用的脚本语言是 VBScript 和 JavaScript。

ASP.NET 是建立.NET Framework 的公共语言运行库上的编程框架，可用于在服务器上生成功能强大的 Web 应用程序，代替以前在 Web 网页中加入 ASP 脚本代码，使界面设计与程序设计以不同的文件分离，复用性和维护性得到提高，已经成为面向下一代企业级网络计算的 Web 平台，是对传统 ASP 技术的重大升级和更新。

3. JSP 技术

以 Sun 公司为首的 Java 阵营于 1998 年推出了 JSP 技术。JSP 的组合让 Java 开发者同时拥有了类似 CGI 程序的集中处理功能和类似 PHP 的 HTML 嵌入功能，此外，Java 的运行时编译技术也大大提高了 JSP 的执行效率。JSP 被后来的 JavaEE 平台吸纳为核心技术。

1.1.3 Web 前端开发

Web 前端是网站开发的首要部分，前端开发的好坏直接影响到整个网站的交互效果。Web 前端开发是从 Web1.0 时代的网页制作演变而来的，之前使用 Dreamweaver 和 Photoshop 就可以方便的制作网页。进入到 Web2.0 时代，如果要让网页的内容更加生动，提供更多交互形式的用户体验，以满足企业级别的需求，则需要掌握更多的 Web 前端开发技术，其中包括：HTML、CSS、JavaScript、DOM、jQuery、HTML5 等。HTML、CSS 与 JavaScript 技术是所有网页技术的基础和核心，无论是在互联网上进行发布，还是编写可交互的应用程序（Web 服务器技术），都离不开它们的综合应用。

1.1.4 超文本传输协议

超文本传输协议（HyperText Transfer Protocol，HTTP）是客户端浏览器与 Web 服务器之间的通信协议，用来实现服务器端和客户端的信息传输。在 Internet 上的 Web 服务器上存放的都是超文本信息，客户机需要通过 HTTP 传输所要访问的超文本信息。

HTTP 通信中请求（Request）与应答（Response）是最基本的通信模式。客户端与服务器连接成功后，会向服务器提出某种请求，随后服务器会对此请求做出应答并切断连接。

1.1.5 统一资源定位符

统一资源定位符（Uniform/Universal Resource Locator，URL）是用于完整地描述 Internet 上网页和其他资源的地址的一种标识方法，实现互联网资源的定位统一标识。Internet 上的每一个网页都具有一个唯一的名称标识，通常称之为 URL 地址，俗称"网址"。如 http://www.baidu.com。

URL 主要由三部分组成：协议类型、存放资源的域名或主机 IP 地址和资源文件名。其语法格式如下：

protocol://hostname[:port]/path/[;parameters][?query]#fragment
其中：

- protocol（协议）：指定使用的传输协议，最常用的是 HTTP，另外还有 File 协议、FTP 等。
- hostname（主机名）：是指存放资源的服务器的域名或 IP 地址。

- port（端口号）：为可选项，省略时使用默认端口，各种常用的传输协议都由默认端口号，如 HTTP 的默认端口号是 80。
- path（路径）：由零个或多个"/"符合隔开的字符串，一般用来表示主机上的一个目录或文件地址。

1.1.6　超文本标记语言

超文本标记语言（Hyper Text Markup Language，HTML）是构成网页文档的主要语言。它能够把存放在一台计算机中的文本或资源与另一台计算机中的文本或资源方便地联系在一起，从而形成有机的整体。它具备如下特点。

- 简易性：各类 HTML 标签简单易学，方便网站制作者学习、开发。
- 可扩展性：HTML 的广泛应用带来了加强功能、增加标识符等要求，HTML 采取扩展子类元素的方式，从而为系统扩展带来了保证。
- 平台无关性：这是 HTML 的最大优点，也是当今 Internet 网络盛行的原因之一。"硬件"平台无关性是指不管你的计算机是普通的 PC 机，还是用于平板和手机；"软件"平台无关性是指不管你的操作系统是常见的 Windows，还是 Linux，HTML 文档都可以得到广泛的应用和传输。

和 C 语言的运行环境一样，有了 HTML 源代码，还需要一个"解释和执行"的工具，而浏览器就是用来解释并执行显示 HTML "源码"的工具。目前市场主要有微软公司的 IE 以及 Google 公司的 Chrome 等。

1.1.7　HTML 简史

- HTML1.0：在 1993 年 6 月作为互联网工程工作小组（IETF）工作草案发布（并非标准）。
- HTML 2.0：1995 年 11 月作为 RFC 1866 发布，在 RFC 2854 于 2000 年 6 月发布之后被宣布已经过时。
- HTML 3.2：1996 年 1 月 14 日，W3C 推荐标准。
- HTML 4.0：1997 年 12 月 18 日，W3C 推荐标准。
- HTML 4.01（微小改进）：1999 年 12 月 24 日，W3C 推荐标准。
- ISO/IEC 15445:2000（"ISO HTML"）：2000 年 5 月 15 日发布，基于严格的 HTML 4.01 语法，是国际标准化组织和国际电工委员会的标准。
- XHTML 1.0：发布于 2000 年 1 月 26 日，是 W3C 推荐标准，后来经过修订于 2002 年 8 月 1 日重新发布。
- XHTML 1.1：于 2001 年 5 月 31 日发布。
- XHTML 2.0：第一份草案于 2002 年 8 月 5 日发布。
- HTML 5：2014 年 10 月 29 日发布，万维网联盟宣布完成该标准规范最终制定。

本书以 W3C 标准的 XHTML1.0 为主。XHTML 表示可扩展超文本标签语言，它规定了 HTML 编写的具体规范，所有主流浏览器都支持。

本书附录 1 对 HTML5 进行了简单介绍和应用。HTML5 是 WHATWG：Web Hypertext Application Technology Working Group （Web 超文本应用技术工作组 - WHATWG）于 2004 年提出；于 2007 年被 W3C 接纳，并成立了新的 HTML 工作团队。2014 年 10 月 29 日，万维网联盟宣布完成该标准规范最终制定。

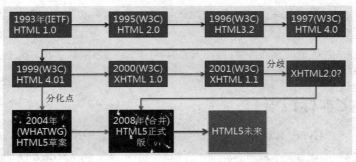

图 1.1　HTML 简史

1.2　HTML 文档结构

1.2.1　基本结构

HTML 的基本结构分为两部分，整个 HTML 包括头部（Head）和主体（Body）两部分，头部包括网页标题（Title）等基本信息；主体包括网页的内容信息（如图片、文字等），标签都以"< >"开始"< / >"结束，要求成对出现，并且标签之间要有缩进，体现层次感，以便阅读和修改。HTML的基本结构如图 1.2 所示。

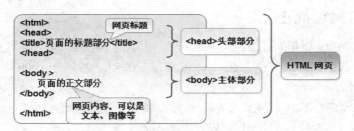

图 1.2　HTML 文档整体结构

1.　HTML 部分

HTML 文档以<html>标签开始，</html>标签结束。每一个 HTML 文档的开始必须使用一个<html>标签，而结尾也要用一个</html>标签。Web 浏览器在收到一个 HTML 文件后，当遇到<html>标签时就开始按 HTML 语法解释其后的内容，并按要求将这些内容显示出来，直到遇到</html >标签为止。HTML 文档的所有内容都在上述两个标签之间。

2.　HEAD 部分

HEAD 部分以<head>标签开始，</head>标签结束。HTML 的 HEAD 部分用于对页面中使用的字符集、标签的样式、窗口的标题、脚本语言等进行说明和设置。这些设置是通过在 HEAD 部分嵌入一些标签来实现的，如<title>、<script >、<style>、<meta>、<link>等。通常头部的信息不显示在浏览器中,但位于<title>和</title>之间的内容即窗口的标题则显示在窗口标题栏的左上角处。

3.　BODY 部分

BODY 部分以<body>标签开始，</body>标签结束。该部分是 HTML 文档的主体，包含了绝大部分需要呈现给浏览者浏览的内容，如段落、列表、图像和其他元素等 HTML 页面元素，都通过一些标准的 HTML 标签来描述。

1.2.2　编辑工具

常用的 HTML 代码编辑工具有很多，如记事本、editplus、utraledit 等。所见即所得的 HTML 开发工具 Dreamweaver 等容易产生废代码，为了排除不必要的影响，致力于语法本身，本书前 5 章的代码都是在记事本中完成的。记事本是 Windows 自带安装的编辑附件，使用简单方便。使用记事本编辑 HTML 文档的步骤如下。

（1）在 Windows 中打开记事本程序。

（2）在记事本中输入 HTML 代码，如图 1.3 所示。

实例代码（代码位置:01\1-1.html）

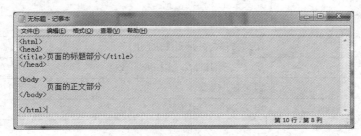

图 1.3　在记事本中编辑 HTML 代码

（3）单击菜单“文件”→“保存”，弹出“另存为”对话框，将上述文档保存为后缀为“*.html”的 HTML 文档，如图 1.4 所示。

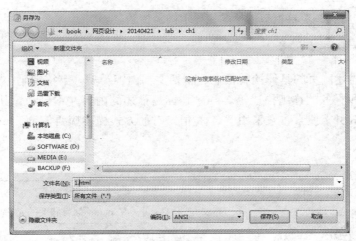

图 1.4　“另存为”对话框

（4）双击保存的 HTML 文档，Windows 将自动调用浏览器软件打开 HTML 文档，如图 1.5 所示。

图 1.5　网页效果图

1.3　HTML 头部元素

<head>元素是所有头部元素的容器。<head> 内的元素可包含脚本，指示浏览器在何处可以找到样式表，提供元信息等。

head 部分主要包含以下标签：<title>、<base>、<link>、<meta>、<script> 以及 <style>等，头部元素如表 1.1 所示。

表 1.1　　　　　　　　　　　　　　　　　头部元素

标　　签	描　　述
<head>	定义关于文档的信息
<title>	定义文档标题
<link>	定义文档与外部资源之间的关系
<meta>	定义关于 HTML 文档的元数据
<script>	定义客户端脚本
<style>	定义文档的样式信息

1.3.1　<title>标签

使用该标签描述网页的标题。例如，网易网站的主页，对应的网页标题为：

```
<title>网易</title>
```

打开网页后，将在浏览器窗口的标题栏显示网页标题。

1.3.2　<meta>标签

使用该标签描述网页的具体摘要信息，包括文档内容类型、字符编码信息，搜索关键字，网站提供的功能和服务的详细描述等。<meta>标签描述的内容并不显示，其目的是方便浏览器解析或利于搜索引擎搜索，它采用"名称/值"对的方式描述摘要信息。meta 标签的属性如表 1.2 所示。

表 1.2　　　　　　　　　　　　　　　　meta 标签的属性

属　　性	值	描　　述
content	some_text	定义与 http-equiv 或 name 属性相关的元信息
http-equiv	content-type、expires refresh、set-cookie	把 content 属性关联到 HTTP 头部
name	author、description keywords、generator revised、others	把 content 属性关联到一个名称

1. 描述文档类型和字符编码信息

对应的 HTML 代码为：

```
<meta http-equiv="Content-Type" content="text/html; charset=gb2312" />
```

其中属于"http-equiv"提供"名称/值"中的名称，"content"提供"名称/值"中的值，所以上述 HTML 代码的含义如下：

名称：Content-Type（文档内容类型）

值：text/html;charset=gb2312（文本类型的 html 类型，字符编码为简体中文）charset 表示字符集编码，不正确的编码设置，将带来网页乱码。常用的编码有如下四种。

- GB2312:简体中文，一般用于包含中文和英文的页面。
- ISO-885901：纯英文，一般用于只包含英文的页面。
- Big5：繁体，一般用于带有繁体字的页面。
- UTF-8：国际通用的字符编码，同样适用于中文和英文的页面。

2．搜索关键字和内容描述信息

对应的 HTML 代码如下：

```
<meta name=" keywords "content=" 软件学院，软件工程 " />
<meta name=" description "content=" 软件学院 " />
```

实现的方式仍然为"名称/值"对的形式，其中 keywords 表示搜索关键字，"description"表示网站内容的具体描述。通过提供搜索关键字和内容描述信息，方便搜索引擎的搜索。

1.3.3 <link> 标签

<link> 标签定义文档与外部资源之间的关系。<link> 标签最常用于连接样式表：

```
<head>
<link rel="stylesheet" type="text/css" href="mystyle.css" />
</head>
```

将会在稍后的章节讲解 css。

1.3.4 <style>元素

<style>标签用于为 HTML 文档定义样式信息。可以在 style 元素内规定 HTML 元素在浏览器中呈现的样式：

```
<head>
<style type="text/css">
body {background-color:yellow}
p {color:blue}
</style>
</head>
```

将会在本书第 4 章讲解 css。

1.3.5 <script>元素

<script> 标签用于定义客户端脚本，比如 JavaScript 等。

将会从本书第 8 章开始讲解 JavaScript 元素。

1.4 块 级 标 签

页面主体（Body）内常见的各类标签，从页面布局和显示外观的角度看，一个页面的布局就类似一张白纸的排版，需要分为多个区块，大的区块再细分为小区块，块内为多行逐一排列的文字、图片、超链接等内容，这些区块一般称为块级元素；而区块内的文字、图片或超链接等一般称为行级元素。

块级标签显示的外观按"块"显示，具有一定的高度和宽度，例如<div>块标签等；行级元素显示的外观为按"行"显示，类似文本的显示，例如<a>超链接标签，<img>图片标签等，和行级标签相比，块级标签具有如下特点。

● 前后断行显示，块级标签比较"霸道"，默认状态下占据一整行。

● 具有一定的宽度和高度，可以通过设置块级标签的 width、height 属性来控制。

块级标签常用作容器，即可以再"容纳"其他块级标签或行级标签，而行级标签一般用于组织内容，即只能用于"容纳"文字、图片或其他行级标签。

1.4.1　基本的块级标签

基本的块级标签包括标题标签、段落标签及水平线标签。

1．标题标签<h1>–<h6>

标题标签表示一段文字的标题，并且支持多层次的内容结构。例如，一级标题采用<h1>，二级标题则采用<h2>，其他以此类推。HTML 共提供了六级标题，并赋予了标题一定的外观，所有标题字体加粗,<h1>字号最大，<h6>字号最小。

实例代码（代码位置:01\1–2.html）

```html
<html>
<head>
<meta http-equiv="Content-Type" content="text/html; charset=gb2312" />
<title>标题标签演示</title>
</head>
<body>
  <h1>一级标题</h1>
  <h2>二级标题</h2>
  <h3>三级标题</h3>
  <h4>四级标题</h4>
  <h5>五级标题</h5>
  <h6>六级标题</h6>
</body>
</html>
```

在浏览器中的预览效果如图 1.6 所示。

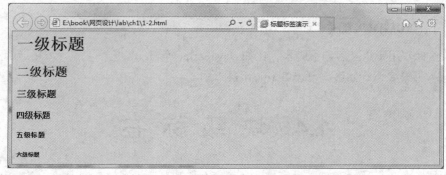

图 1.6　标题标签效果图

2. 段落标签<p>

段落标签表示一段文字的内容。<p> 与 </p> 之间的文本被显示为段落。

实例代码（代码位置:01\1-3.html）

```
<html>
<head>
<meta http-equiv="Content-Type" content="text/html; charset=gb2312" />
<title>段落标签的应用</title>
</head>
<body>
  <h1>春晓</h1>
  <p>春眠不觉晓,处处闻啼鸟。</p>
  <p>夜来风雨声,花落知多少。</p>
</body>
</html>
```

在浏览器中的预览效果如图 1.7 所示。

图 1.7　段落标签效果图

3. 水平线标签<hr/>

水平线标签表示一条水平线，注意该标签比较特殊，没有结束标签，直接使用"<hr/>"表示标签的开始和结束。

实例代码（代码位置:01\1-4.html）

```
<html>
<head>
<meta http-equiv="Content-Type" content="text/html; charset=gb2312" />
<title>段落标签的应用</title>
</head>
<body>
  <h1>春晓</h1>
  <hr/>
  <p>春眠不觉晓,处处闻啼鸟。</p>
  <p>夜来风雨声,花落知多少。</p>
</body>
</html>
```

在浏览器中的预览效果如图 1.8 所示。

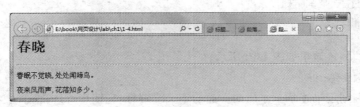

图 1.8　水平线标签效果图

1.4.2 常用于布局的块级标签

这类标签包括有序列表、无序列表、定义列表、表格、表单、分区等标签（<div>），它们常用于布局网页，组织 HTML 的内容结构。

1. 有序列表标签<ol>

有序列表标签表示多个并列的列表项，它们之间有明显的先后顺序，使用<ol>，</ol>表示有序列表，<li>,</li>表示各列表项。

实例代码（代码位置:01\1–5.html）

```html
<html>
<head>
<meta http-equiv="Content-Type" content="text/html; charset=gb2312" />
<title>有序列表</title>
</head>
<body>
<h3>《春思》 作者：李白</h3>
<ol>
   <li>燕草如碧丝，秦桑低绿枝。</li>
   <li>当君怀归日，是妾断肠时。</li>
   <li>春风不相识，何事入罗帏？</li>
</ol>
</body>
</html>
```

在浏览器中的预览效果如图 1.9 所示。

图 1.9　有序列表标签效果图

2. 无序列表标签

无序列表和有序列表类似，但多个并列的列表项之间没有先后顺序，使用<ul>,</ul>表示有序列表，<li>,</li>表示各列表项。

实例代码（代码位置:01\1–6.html）

```html
<h3>《春思》 作者：李白</h3>
<ul>
   <li>燕草如碧丝，秦桑低绿枝。</li>
   <li>当君怀归日，是妾断肠时。</li>
   <li>春风不相识，何事入罗帏？</li>
</ul>
```

在浏览器中的预览效果如图 1.10 所示。

3. 定义列表标签<dl>

定义列表标签用于描述某个术语或产品的定义或解释。它使用<dl>、</dl>表示定义列表,<dt>、</dt>表示术语，<dd>、</dd>表示术语的具体描述。在实际应用中，定义列表还被扩展应用到图文混编的场合。将产品图片作为术语标题<dt>，文字内容作为术语描述<dd>。

图 1.10　无序列表标签效果图

实例代码（代码位置:01\1−7.html）

```
<html>
<head>
<meta http-equiv="Content-Type" content="text/html; charset=gb2312" />
<title>dl 和 dt 的应用</title>
</head>
<body>
  <dl>
    <dt>《春思》 作者: 李白</dt>
    <dd>燕草如碧丝，秦桑低绿枝。</dd>
    <dd>当君怀归日，是妾断肠时。</dd>
    <dd>春风不相识，何事入罗帏? </dd>
  <dl>
</body>
</html>
```

在浏览器中的预览效果如图 1.11 所示。

图 1.11　定义列表标签效果图

4．表格标签<table>

表格标签用于描述一个表格，它使用规整的数据显示，它使用<table></table>表示表格，<tr></tr>表示行，<td></td>表示列，表格的用法将在第二章进行详细介绍。

实例代码（代码位置:01\1−8.html）

```
<table border="2">
  <tr>
    <td>第一行第一列</td>
    <td>第一行第二列</td>
  </tr>
  <tr>
    <td>第二行第一列</td>
    <td>第二行第二列</td>
  </tr>
</table>
```

在浏览器中的预览效果如图 1.12 所示。

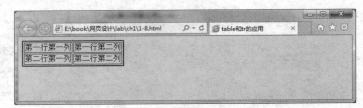

图 1.12　表格标签效果图

5．表单标签<form>

表单标签用于描述需要用户级输入的页面内容，例如注册页面、登陆页面等。它使用<form></form>表示表单，<input/>表示输入内容项。一般和表格一起使用。表单的具体用法将在第二章进行详细介绍。

实例代码（代码位置:01\1-9.html）

```
<form>
  ……
</form>
```

在浏览器中的预览效果如图 1.13 所示。

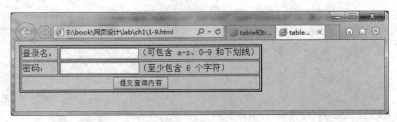

图 1.13　表单标签效果图

6．分区标签<div>

分区标签<div>常用于页面布局时对区块的划分，它相当于一个大的容器，可以容纳无序列表、有序列表、表格等块级标签，同时也可容纳普通的段落、标题、文字、图片等内容。由于<div>标签不像<h1>等标签，没有明显的外观效果，所以特意添加"style"样式属性，设置<div>标签的宽、高尺寸以及背景色。样式方面的用法将在本书第 4 章详细介绍。

实例代码（代码位置:01\1-10.html）

```
<div style="width:450px; height:260px; background:#9FF">
  <p>div 其实就是一个划分逻辑区域的标签，常用作容器，div 内可包括标题、段落、无序列表、有序列表、
定义列表、表格、表单等内容</p>

  <h3>《春思》 作者：李白</h3>
  <ol>
    <li>燕草如碧丝，秦桑低绿枝。</li>
    <li>当君怀归日，是妾断肠时。</li>
    <li>春风不相识，何事入罗帏？</li>
  </ol>
  div 还可以包括普通的文字、图片等内容……
</div>
```

在浏览器中的预览效果如图 1.14 所示。

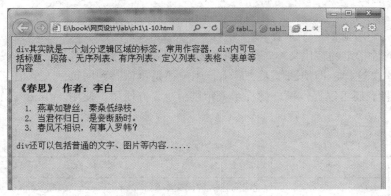

图 1.14　分区标签效果图

在页面局部布局中，形成了 4 种常用的块状结构：

- div-ul(ol)-li：常用于分类导航或菜单等场合。
- div-dl-dt-dd:常用于图文混编场合。
- table-tr-td:常用于规整数据的显示场合。
- form-table-tr-td:常用于表单布局的场合。

这四种块状结构非常实用，它们的具体应用还将在后续章节进行深入讲解和应用。

1.5　行　级　标　签

行级标签也称内联标签，行内标签。使用块级标签为页面"搭建完成组织结构"后，往每个小区块添加内容时，就需要用到行级标签。

行级标签类似文本的显示，按"行"逐一显示。常用的行级标签包括图像标签<img/>，超链接标签<a>，范围标签<span>，换行标签
以及和表单相关的输入框标签<input />，文本域标签<textarea>等，表单涉及的行级标签将在本书第 2 章详细介绍。

1.5.1　图像标签<img/>

1．常见的图片格式

在日常生活中，使用比较多的图像格式有四种，即 JPG、GIF、BMP、PNG。在网页中使用比较多的是 JPG、GIF，大多数浏览器都可以显示这些图像。两者对比如表 1.3 所示。

表 1.3　　　　　　　　　　　　　　　常用图片格式对比

JPEG 格式	GIF 格式
照片和复杂图像使用	纯色图片、logo 和几何图形使用
可在连续调次（如照片）图像中获得最好的效果	对于几种纯色组成的图像、线条组成的图像（如 logo）和含有小段文字的图像，使用 GIF 比较合适
可以用 1600 万种不同的颜色显示图像	用 256 种颜色显示图像
是一种"有损"格式，因为文件缩小时会丢失部分图像信息	GIF 同样会压缩文件来减少尺寸，但是不会丢失任何东西，是一种"无损"格式
不支持透明	允许把背景颜色设为"透明"的，图像背景可以穿透显示

2. 语法

```
<img src= "图片地址" alt="提示文字" title="提示文字" />
```

其中，alt 属性指定的替代文本，表示图像无法显示时（例如，图片路径错误或网速太慢等），替代显示的文本。这样，即使图像无法显示，用户还是可以看到网页丢失的信息内容。其次，使用"title"属性，还可以提供额外的提示或帮助信息，方便用户使用。<img>标签属性如表 1.4 所示。

表 1.4   <img>标签属性

属　　性	值	描　　述
alt	text	规定图像的替代文本
src	URL	规定显示图像的 URL
height	pixels、%	定义图像的高度
width	pixels、%	设置图像的宽度

实例代码（代码位置:01\1-11.html）

```html
<html>
<head>
<meta http-equiv="Content-Type" content="text/html; charset=gb2312" />
<title>图像标签的应用</title>
</head>
<body>
  <img src="images/1.jpg" alt="八大怪: 面条像裤带" title="八大怪: 面条像裤带" />
</body>
</html>
```

在浏览器中的预览效果如图 1.15 所示。

图 1.15 图像标签效果图

1.5.2 范围标签<span>

范围标签<span>用于表示行内的某个范围。例如，实现行内某个部分的特殊设置以区分其他内容。只需将代码进行如下修改。

实例代码（代码位置:01\1-12.html）

```
<p>八大怪: <span style="color:red;font-size:50px;">面条像裤带</span></p>
```

其中<span>，</span>标签限定某个范围，style 属性添加突出显示的样式（红色，字体大小为 50 像素）。

在浏览器中的预览效果如图 1.16 所示。

图 1.16　水平线标签效果图

1.5.3　换行标签

换行标签
表示强制换行显示，该标签和<hr/>标签一样，没有结束标签。例如，希望"唐诗"紧凑显示，每句间要求换行，其对应的 HTML 代码如下所示。

实例代码（代码位置:01\1-13.html）

```
<body>
    <h1>春晓</h1>
    <p>春眠不觉晓,<br/>处处闻啼鸟。</p>
    <p>夜来风雨声,<br/>花落知多少。</p>
</body>
```

在浏览器中的预览效果如图 1.17 所示。

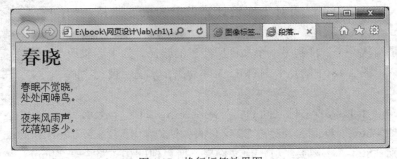

图 1.17　换行标签效果图

1.5.4 超链接标签<a>

互联网的精髓就在于相互链接，即超链接（hyperlink）。HTML 使用超级链接与网络上的另一个文档相连。几乎可以在所有的网页中找到链接。点击链接可以从一张页面跳转到另一张页面。

常见的超链接形式有如下几种。

● 文字超链接：在文字上建立超链接。
● 图像超链接：在图像上建立超链接。
● 热区超链接：在图像的指定区域建立超链接。

HTML 语言中超链接的标签用<a>表示，<a>标签是成对出现的，以<a>开始</a>结束。其语法如下：

```
<a href ="url" target=".." title=".." id="..">内容</a>
```

其中：

● href 属性：用于定义超链接的跳转地址，其取值 url 可以是本地地址或者是远程地址，url 可以是一个网址、一个文件甚至可以是 HTML 文件的一个位置或 E-mail 的地址，url 可以是绝对路径也可以是相对路径。
● target 属性：用于指定目标文件的打开位置，取值见表 1.5。
● title 属性：鼠标悬停在超链接上的时候，显示该超链接的文字注释。
● id 属性：在目标文件中定义一个锚点，标识超链接跳转的位置。
● 内容：就是所定义的超链接的一个外套，浏览者只需点击内容就可以跳转到 url 所指定的位置。

表 1.5　　　　　　　　　　　　　target 属性的取值

值	说　明
_self	在当前窗口中打开目标文件，这是 target 的默认值
_blank	在新窗口中打开目标文件
_top	在顶层框架中打开网页
_parent	在当前框架中的上一层打开网页

1. 绝对路径和相对路径

链接地址有绝对路径和相对路径这两种方式。绝对路径就是指完整的路径。如访问一个域名为 163.com 的网站中名称为 123.html 的网页，其绝对地址就是 http://www.163.com/123.html。而对于本地计算机上的文件路径，如 d:/html/123.html，该路径就是绝对路径。

相对路径是指从一个文件到另一个文件所经过的路径，为了形象地表示这种关系，以图 1-18 中的几个 HTML 文件为例，来说明彼此之间的相对路径。

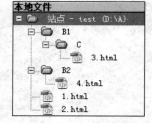

图 1.18　相对路径说明

在图 1.18 中各个 HTML 文件之间的相对路径关系，如下所示：

从 1.html 到 4.html，期间需要经过 B2 文件夹，所以其相对路径就是 B2/4.html 。

从 1.html 到 2.html，不需要经过任何文件夹，所以他的相对路径是 2.html 。

从 2.html 到 3.html，经过 B1 和 C 文件夹，所以他的相对路径是 B1/C/3.html。

上述三种路径是正向的相对路径，站内使用相对路径时常用到两个特殊符号："../"表示前目录的上级目录，"../../"表示前目录的上上级目录。逆向的相对路径则如下表示：

从 4.html 到 1.html,的相对路径是../1.html。

从 3.html 到 4.html 的相对路径是../../B2/4.html 。

2.　站内链接

在访问网站的时候，用得最多的就是站内网页间的链接。其语法如下：

```
<a href="相对路径">内容</a>
```

实例代码（代码位置:01\1-14.html）

```
<html>
<head>
<title>链接</title>
</head>
<body >
 <a href="a.html" target="_blank">首页
<a href="b.html" target="_self"><img src="libai.jpg" alt="人物简介"/>
<a href="c.html" target="top">返回</br></br>
</body>
</html>
```

在浏览器中的预览效果如图 1.19 所示。

图 1.19　链接标签效果图

3.　站外链接

当网站中的链接需要链接到站外网页时，就需要用到站外链接，其语法与站内链接很相似，但站外链接必须使用绝对路径其语法如下：

```
<a href="绝对路径">内容</a>
```

实例代码（代码位置:01\1-15.html）

```
<a href="http://www.baidu.com" target="_blank">友情链接</br>
```

在浏览器中的预览效果如图 1.20 所示。

4.　功能性链接

在页面中调用其他程序功能，例如电子邮件，QQ,MSN 等。在一些大型网站上，经常会看到有的网页上有"点此给 XXX 发送邮件"的字样。在点击该链接后，就会启动本地的邮箱工具来编辑邮件。HTML 语言中的邮件链接其语法如下：

```
<a href="mailto:邮件地址">内容</a>
```

实例代码（代码位置:01\1-16.html）

```
<a href="mailto:ncusc@ncusc.com">站长信箱</a>
```

在浏览器中的预览效果如图 1.21 所示。

图 1.20　外部链接标签效果图　　　　　　　　图 1.21　邮箱链接标签效果图

5. 锚链接

在网页中有的文章特别长，想要找到自己感兴趣的内容就比较麻烦，这时就可以使用锚链接。使用锚链接能够快速定位到网页中的某个位置。

锚链接由建立锚点和连接到锚点两部分组成。

锚点就是将要链接到的位置。其语法如下：

```
<a name="锚点名称">内容</a>
```

建立锚点以后就可以创建到锚点的链接。其语法如下：

```
<a href=" #锚点名称">内容</a>
```

也可以链接到其他文件的锚点

```
<a href="连接到的网页的地址#锚点名称">内容</a>
```

实例代码（代码位置:01\1–17.html）

```
<html>
<head>
<title>锚点链接</title>
</head>
<body>
<font size="5">
<img src="libai.jpg"><br/>
    李白是中国唐代伟大的浪漫主义诗人，被后人尊称为"诗仙"，与杜甫并称
为"李杜"。李白的<a href="#poem">诗</a>以抒情为主。其诗风格豪放飘逸洒脱，想象丰富，语言流转自然，
音律和谐多变。……<a name="poem">他的大量诗篇，</a>既反映了那个时代的繁荣气象，也揭露和批判了统治集团
的荒淫和腐败，表现出蔑视权贵，反抗传统束缚，追求自由和理想的积极精神。存诗近千首，有李太白集》，是盛唐浪
漫主义诗歌的代表人物。
</body>
</html>
```

在浏览器中的预览效果如图 1.22 所示。

图 1.22　锚点链接标签效果图

1.6　W3C 标准

万维网联盟（World Wide Web Consortium，W3C），创建于 1994 年 10 月，它是一个会员组织，主要职责是负责 Web 标准的制定和维护，Web 开发方面常涉及的 W3C 标准如下。

- HTML 内容方面——XHTML
- 样式美化方面——CSS
- 结构文档访问方面——DOM
- 页面交互方面——ECMAScript

1.6.1　W3C 提倡的 Web 页面结构

糟糕的 HTML 文档示例如下所示。

实例代码（代码位置:01\1–18.html）

```
<html>
<head>
<title>不规范的示例</title>
</head>
<body>
<font size="6">一级主题</font><br/>
一级主题阐述文字 <br/><br/>
<font size="5">二级主题</font><br/>
二级主题相关文字
<P>项目 1
<p>项目 2
<p>项目 3
</body>
</html>
```

在浏览器中的预览效果如图 1.23 所示。

图 1.23　不规范代码效果图

该例使用了 HTML 早期标签<font>表示字体大小，标签大小写不统一，段落<p>标签没有配对，但在浏览器中还能正常显示。这样编写存在如下弊端。

- 内容和表现没分离，后期很难维护和修改，编写的 HTML 代码既表示字体大小等样式，又包含内容，如网站升级改版时需要改变字体大小等样式，则需要逐行修改 HTML 代码，非常烦琐。

● HTML 代码不能表示页面的内容语义，不利于搜索引擎搜索。即从 HTML 代码不能看出页面内容的关系，很难判断哪些内容时主题，哪些内容时相关的阐述文字，很难看出各列表项的内容之间的关系。

因此，W3C 提倡的 Web 结构如下。

1. 内容（结构）和表现（样式）分离

HTML 只负责网页的内容结构，层叠样式表（Cascading Style Sheets，CSS）负责表现样式（例如字体大小、颜色、背景图、显示位置等），方便网站的修改和维护。

2. HTML 内容结构要求语义化

要求能根据 HTML 代码看出这部分内容是什么，代表什么含义。这样做的好处，一是方便搜索引擎搜索；二是方便在各种平台传递，除普通的计算机外，还包括手机和平板电脑等。因为手机和平板电脑等轻量级显示终端可能不具备普通计算机上浏览器的渲染能力，它将按照 HTML 结构的语义，使用自身设备的渲染能力显示页面内容。因此，HTML 结构语义化越来越成为一种主流趋势。

修改上述不规范的实例，具有语义化的 HTML 结构如下所示。

实例代码（代码位置:01\1–19.html）

```
<!DOCTYPE html PUBLIC "-//W3C//DTD XHTML 1.0 Strict//EN" "http://www.w3.org/TR/xhtml1/DTD/xhtml1-strict.dtd">
<html xmlns="http://www.w3.org/1999/xhtml">
<head>
<meta http-equiv="Content-Type" content="text/html; charset=gb2312" />
<title>规范的示例</title>
</head>
<body>
  <h2>一级主题</h2>
  <p>一级主题内容</p>
  <h3>二级主题</h3>
  <p>二级主题内容</p>
  <ol>
    <li>项目 1</li>
    <li>项目 2</li>
    <li>项目 3</li>
  </ol>
</body>
</html>
```

在浏览器中的预览效果如图 1.24 所示。

图 1.24   规范代码效果图

1.6.2　XHTML 1.0 的基本规范

了解了 W3C 提倡的 Web 结构后，下面介绍 XHTML 的基本规范。

- 标签名和属性名称必须小写
- HTML 标签必须关闭
- 属性值必须用引号括起来
- 标签必须正确嵌套
- 必须添加文档类型声明

必须使用<!DOCTYPE>标签添加文档类型声明，声明 HTML 文档遵守 W3C XHTML 哪个级别的规范。声明如下。

```
<!DOCTYPE html PUBLIC "-//W3C//DTD XHTML 1.0 Strict//EN"
    "http://www.w3.org/TR/xhtml1/DTD/xhtml1-strict.dtd">
```

需要注意：该声明必须位于 HTML 文档的第一行。

XHTML1.0 规定了三种级别的声明。

- Strict（严格类型）：这种声明完全符合 W3C 的标准，但要求比较严格。
- Transitional(过度类型)：也称松散（Loose）声明，要求相对宽松些。
- Frameset（框架类型）：Strict 严格标准中不允许框架，当页面中需要使用框架时，则使用该声明。

1.7　实　践　指　导

1.7.1　实践训练技能点

1. 会使用 HTML 的基本标签，创建简单的 HTML 静态页面。
2. 会使用基本的块级标签。
3. 会使用基本的行级标签。
4. 会使用超链接标签。

1.7.2　实践任务

任务 1　基本块级元素

使用 HTML 编辑工具，编写 HTML 代码，实现如图 1.25 所示的页面效果。

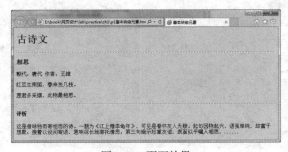

图 1.25　页面效果

任务 2　用于布局的块级元素

编写 HTML 代码，实现如图 1.26 所示的页面效果。

任务 3　行级元素

编写 HTML 代码，实现如图 1.27 所示的页面效果。

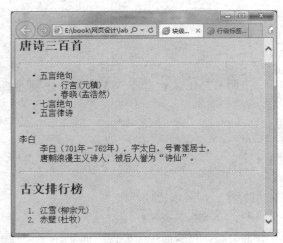

图 1.26　页面效果

图 1.27　页面效果

任务 4　超链接

编写 HTML 代码，实现导航菜单的链接，如图 1.28 所示的页面效果。

- 单击 lj.html 页面的"人物简介"，将跳转到 ww.html 的介绍页。
- 单击 lj.html 页面的"王孟"，将跳转到设置锚点的 ww.html 页面相应位置。
- 单击 ww.html 的返回链接可以返回到 lj.html。
- 单击"联系我们"，将自动打开本机的电子邮件程序。

 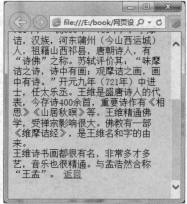

图 1.28　页面效果

小　　结

- HTML 标签分为块级和行级标签。块级标签按"块"显示，行级标签按"行"逐一显示。
- 基本的块级标签包括段落标签<p>，标题标签<h1>~<h6>，水平线标签<hr/>等。
- 常用于布局的块级标签包括无序列表标签<ul>，有序列表标签<ol>，定义列表标签<dl>,分区标签<div>等。
- 实际应用中，常使用如下四种块状结构。
  - div-ul(ol)-li：常用于分类导航或菜单等场合。
  - div-dl-dt-dd：常用于图文混编场合。
  - table-tr-td：常用于规整数据的显示。
  - form-table-tr-td：常用于表单布局的场合。
- 行级标签包括图片标签<img/>，范围标签<span>，换行标签
等。插入图片时，要求"src"和"alt"属性必选，"title"和"alt"属性推荐同时使用。
- 编写 HTML 文档注意遵守 W3C 相关标准，W3C 提倡内容和结构分离，HTML 结构具有语义化。

拓展训练

1. 编写 HTML 代码，实现如图 1.29 所示的页面效果。
2. 编写 HTML 代码，实现如图 1.30 所示的页面效果。

图 1.29　页面效果

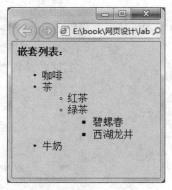

图 1.30　页面效果

第2章
表格和表单

学习目标

- 掌握表格标签的结构组成及使用
- 掌握表格常用属性的设置
- 了解表格的嵌套
- 掌握表格的使用技巧
- 掌握表单的基本结构组成
- 掌握常用表单域的使用
- 掌握常用表单按钮的使用

2.1 表 格 基 础

表格是块状元素,表格可以清晰明了地发现数据间的关系,使对比分析更容易理解,在很多情况下,也可以使用表格对网页进行排版布局。由于表格行列的简单结构,使得表格在生活中广泛应用,如图 2.1~图 2.3 所示。

图 2.1 门户网站应用表格

图 2.2　购物网站应用表格

图 2.3　论坛中应用表格

2.1.1　表格结构

表格是由指定数目的行和列组成的，其中的文字或图
片按照相应的列或行进行分类和显示。

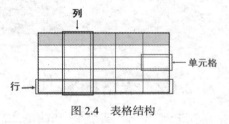

图 2.4　表格结构

1.　单元格

表格的最小单位，一个或多个单元格纵横排列组成了
表格。

2.　行

一个或多个单元格横向堆叠形成了行。

3.　列

由于表格单元格的宽度必须一致，所以单元格纵向划分形成了列。

在 HTML 中使用<table>标签来创建表格，<table>标签内包含了表名和表格本身的代码。表格
是由特定的行和列组成的，其中行用标签<tr>表示，行由若干单元格构成。单元格是表格的基本
单元，用标签<td>表示，<td>标签定义了一个列，嵌套于<tr>标签之中。多个单元格结合在一起
构成了行，多个行结合在一起就构成表格。

表格的基本语法如下所示：

```
<table>
    <tr>
        <td>单元格内容</td>
```

```
        <td>单元格内容</td>
        <!--更多单元格-->
    </tr>
    <!--更多行-->
</table>
```

实例代码（代码位置:02\2-1.html）

```
<html>
  <head>
    <title>表格基础</title>
  </head>
  <body>
    <table border="2">
    <tr>
      <td>第 1 行第 1 列</td>
      <td>第 1 行第 2 列</td>
    </tr>
     <tr>
      <td>第 2 行第 1 列</td>
      <td>第 2 行第 2 列</td>
      </tr>
    </table>
</body>
</html>
```

在浏览器中的预览效果如图 2.5 所示。

图 2.5　表格基础

2.1.2　表格标签

HTML 中有十多个与表格相关的标签，常用标签的含义及作用如表 2.1 所示。

表 2.1　　　　　　　　　　　　　表格常用标签

表　　格	描　　述
\<table\>	定义表格
\<caption\>	定义表格标题，每个表格只能含有一个标题
\<th\>	定义表格的表头
\<tr\>	定义表格的行
\<td\>	定义表格单元，包含在\<tr\>标签中
\<thead\>	定义表格的表头
\<tbody\>	定义表格的主体
\<tfoot\>	定义表格的页脚
\<col\>	定义用于表格列的属性

可以利用<thead>、<tbody>、<tfoot>等表格数据的分组标签对表格进行修饰。将它们配合使用对报表数据进行逻辑分组。

实例代码（代码位置:02\2-2.html）

```
<html>
<head>
<title>表格示例</title>
</head>
<body>
<table border="1">
<caption>学生信息表</caption>
<thead>
    <th>班级</th>
    <th>姓名</th>
    <th>电话</th>
</thead>
<tbody>
<tr>
    <td>SE131</td>
    <td>张三</td>
    <td>1388888888</td>
</tr>
 </tbody>
 <tfoot>
    <tr>
        <td colspan="3">软件学院</td>
    </tr>
 </tfoot>
</table>
</body>
</html>
```

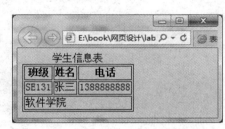

图 2.6　表格基础

在浏览器中的预览效果如图 2.6 所示。

2.1.3　表格属性设置

为了使表格的外观更加符合要求，可以对表格的属性进行设置，比较常用的表格属性包括背景、宽高、对齐方式、表格单元间距、文本与边框间距等，如表 2.2 所示。

表 2.2　　　　　　　　　　　　　　表格常用属性

属　　性	值	描　　述
align	left、center、right	不赞成使用。请使用样式代替 设置表格相对周围元素的对齐方式
bgcolor	rgb(x,x,x)、#xxxxxx、colorname	不赞成使用。请使用样式代替 设置表格的背景颜色
background	src	设置表格背景图片
border	pixels	设置表格边框的宽度
cellpadding	pixels、%	设置单元边沿与其内容之间的空白
cellspacing	pixels、%	设置单元格之间的空白
width	%、pixels	设置表格的宽度

续表

属　　性	值	描　　述
height	%、pixels	设置表格的高度
colspan		单元格水平合并，值为合并单元格的数目
rowspan		单元格垂直合并，值为合并的单元格的数目

在上例的基础上对表格进行美化修饰。

实例代码（代码位置:02\2-3.html）

```html
<html>
<head>
<title>表格示例</title>
</head>
<body>
<table border="1" height="15%" width="60%" cellspacing="0">
<caption>学生信息表</caption>
<thead bgcolor="#DCDCDC">
    <th>班级</th>
    <th>姓名</th>
    <th>电话</th>
</thead>
<tbody bgcolor="#FFFAF0">
    <tr>
     <td>SE131</td>
     <td>张三</td>
     <td>1388888888</td>
</tr>
</tbody>
    <tfoot bgcolor="#DCDCDC">
    <tr>
        <td colspan="3">软件学院</td>
    </tr>
    </tfoot>
</table>
</body>
</html>
```

在浏览器中的预览效果如图 2.7 所示。

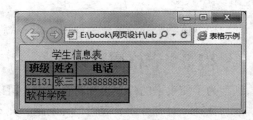

图 2.7　表格基础

2.1.4　跨行跨列

1. 跨行

跨行是指单元格在垂直方向上合并，语法如下。

```html
<table>
   <tr>
      <td rowspan="所跨的行数">单元格内容</td>
   </tr>
</table>
```

实例代码（代码位置:02\2-4.html）

```html
<html>
<head>
```

```
    <title>跨多行的表格</title>
</head>
<body>
    <table width="500" border="1">
    <tr>
     <td rowspan="2">张三</td>
      <td>计算机概论</td>
      <td>77</td>
    </tr>
     <tr>
      <td>C 语言</td>
      <td>88</td>
    </tr>
    <tr>
     <td rowspan="2">李四</td>
      <td>计算机概论</td>
      <td>80</td>
    </tr>
     <tr>
      <td> C 语言</td>
      <td>90</td>
    </tr>
    </table>
</body>
</html>
```

在浏览器中的预览效果如图 2.8 所示。

图 2.8 表格跨行合并

2. 跨列

跨列是指单元格的横向合并，语法如下。

```
<table>
   <tr>
      <td colspan="所跨的列数">单元格内容</td>
   </tr>
</table>
```

实例代码（代码位置:02\2-5.html）

```
<html>
   <head>
     <title>跨多列的表格</title>
   </head>
   <body>
     <table width="200" border="1">
     <tr>
        <td colspan="2">学生成绩信息</td>
     </tr>
      <tr>
        <td>计算机概论</td>
        <td>80</td>
     </tr>
      <tr>
        <td> C 语言</td>
        <td>90</td>
     </tr>
```

```
    </table>
</body>
</html>
```

在浏览器中的预览效果如图 2.9 所示。

图 2.9 表格的跨列合并

3. 跨行跨列的特性

跨行和跨列以后，并不改变表格的特点。因此，表格中各单元格的宽度或高度互相影响，结构相对稳定，但缺点是不能灵活地进行布局控制。

实例代码（代码位置:02\2-6.html）

```
<html>
<head>
  <title>表格的跨行和跨列</title>
</head>
<body>

<table  width="400"  height="150"  align="center"  border="1"  bordercolor="#000000"
cellspacing="1" cellpadding="0" >
    <tr>
        <td>电脑组成</td>
        <td colspan="3" align="center">中央处理器</td>
    </tr>
    <tr>
        <td>品牌</td>
        <td>英特尔</td>
        <td>AMD</td>
        <td>威盛</td>
    </tr>
    <tr>
        <td rowspan="2" align="center">电脑组成</td>
        <td >中央处理器</td>
        <td>硬盘</td>
        <td>显卡</td>
    </tr>
    <tr>
        <td>内存</td>
        <td>主板</td>
        <td>显示器</td>
    </tr>
</table>
</body>
</html>
```

在浏览器中的预览效果如图 2.10 所示。

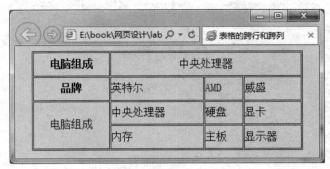

图 2.10　表格的跨行和跨列

2.2　表　　单

HTML 表单（form）是块级标签，是 HTML 的一个重要部分，主要用于采集和提交用户输入的信息，如用户登录、注册（见图 2.11），调查反馈和搜索（见图 2.12）等，一个表单主要由以下 3 部分组成。

- 表单标签：包含了处理表单数据所用服务器端程序的 URL 及数据提交到服务器的方法。
- 表单域：包含了文本框、密码框、隐藏域、多行文本框、复选框、单选按钮、选择框和文件上传框等表单输入控件。
- 表单按钮：包括提交按钮、复位按钮和一般按钮；用于将数据传送到服务器上或者取消输入，还可以用表单按钮来控制其他定义了处理脚本的工作。

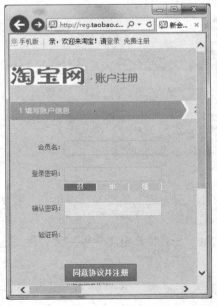

图 2.11　用户登录/注册

图 2.12　提供搜索工具

实例代码（代码位置:02\2-7.html）

```html
<html>
<head><title>表单示例</title></head>
<body>
<form action="#" method="get">
用户名：
<input type="text" name="name" id="name"><br/>
密码：
<input type="password" name="email" id="email"><br/>
<input type="submit" value="登录">
</form>
</body>
</html>
```

在浏览器中的预览效果如图 2.13 所示。

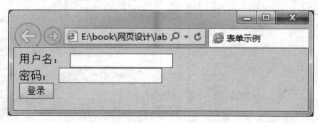

图 2.13　简单的表单

　　表单的执行过程就是完成网站服务器和客户端（用户计算机）之间的交互，提供双方需要的信息的传递。更直接地说，表单的执行原理类似两人之间的沟通。

　　例如，两人约定出去看电影，得先彼此问什么时候空闲，去看什么电影等等，然后再决定是否去。使用表单描述沟通过程如下。

　　A 和 B，相当于 A 给 B 一张表单。

　　B 回答空闲时间，想去看什么电影等，相当于填写这张表单，提交给 A。

　　然后 A 根据 B 的回答说出自己的想法。

2.2.1　表单标签

表单标签（<form></form>）用于声明表单，定义采集数据的范围，同时包含了处理数据的应用程序及数据提交到服务器的方法。其语法如下：

```
<form action="url" method="get/post"  target="...">
.......
</form>
```

表单标签常用的属性如表 2.3 所示。

表 2.3　　　　　　　　　　　　　　表单标签常用属性

属　　性	值	描　　述
action	*URL*	规定当提交表单时向何处发送表单数据
method	get、post	规定用于发送 form-data 的 HTTP 方法
name	*form_name*	规定表单的名称
target	_blank、_self、_parent _top、*framename*	规定在何处打开 action URL

action：指定处理表单中用户输入数据的 URL（URL 可为 Servlet，JSP 或 ASP 等服务器端程序），也可以将输入数据发送到指定的 E-Mail 地址等。如不填，默认为当前页面。

method：指定数据传送数据的 HTTP 方法，主要有 get 和 post 两种方法，值是 get，get 方式是将表单控制的 name/value 信息经过编码之后，通过 URL 发送可以在浏览器的地址栏中看到这些值。而采用 post 方式传输信息则在地址栏中看不到表单的提交信息。"get"方式一般适用于安全性要求不高的场合，而 post 一般适用于安全性较高的场合。

2.2.2　表单元素的基本格式

表单元素包括文本框、按钮、下拉列表等。除下拉列表框、多行文本域等少数表单元素外，大部分表单元素都使用<input>标签，只是它们的属性设置不同，它们的统一用法如下。

```
<input name="表单元素名称" type="类型" value="值" size="显示宽度" maxlength="能输入的最大字符长度" checked="是否选中"/>
```

各属性的具体含义如表 2.4 所示。

表 2.4　　　　　　　　　　　　　　<input>元素的属性

属　　性	描　　述
Type	指定表单元素的类型，可用的选项有 text、password、checkbox、radio、submit、reset、file、hidden、image 和 button，默认为 text
Name	指定表单元素的名称，用于编程时对控件的引用
Id	指定表单元素的唯一 ID，用于编程时对控件的引用，常作为 CSS 的选择符使用
Value	指定表单元素的初始值，供显示的文本
Size	指定表单元素的初始宽度。如果 type 为 text 或 password，则表单元素的大小以字符为单位；对于其他输入类型，宽度以像素为单位
Maxlength	指定可在 text 或 password 元素中输入的最大字符数，默认不做限制
Checked	此属性只有一个值，为"checked"，表示选中，如果不选中，则不需添加此属性

2.2.3 表单域

表单域包含了文本框、密码框、隐藏域、多行文本框、复选框、单选框、下拉列表和文本上传框等，用于采集用户的输入或选择的数据。

常用的表单域标签如表 2.5 所示。

表 2.5　　　　　　　　　　　　　　　常用的表单域标签

标　　签	描　　述
<form>	定义供用户输入的表单
<input>	定义输入域
<textarea>	定义文本域 (一个多行的输入控件)
<label>	定义一个控制的标签
<fieldset>	定义域
<legend>	定义域的标题
<select>	定义一个选择列表
<optgroup>	定义选项组
<option>	定义下拉列表中的选项
<button>	定义一个按钮

1．文本框和密码框

文本框是一种用来输入内容的表单对象，通常被用来填写简单的内容，如姓名，地址等，其语法如下：

```
<input type="text" name ="…"size="…"maxlength="…"  value="…"/>
```

密码框是一种用于输入密码的特殊文本域。当访问者输入文字时，文字会被星号或者其他符号代替，从而隐藏输入的真实文字。其语法格式如下：

```
<input type="password" name="…" size="…" maxlength="…"/>
```

其中：type="password"定义密码框。密码框并不能保证安全，仅仅是使得周围的人看不见输入的内容，在传输过程中还是以明文传输的，为了保证安全可以采用数据加密技术。

实例代码（代码位置:02\2-8.html）

```
<html>
<head>
  <title>表单</title>
</head>
<body>
<center>
<form name="form_set" method="get" action="#">
单行文本框: <br />
  <input type="text" name="txt" size="25" value="请修改文本内容" /><br />
  密码框: <input type="password" name="pwd" size="10" maxlength="6" /><br />
  密码框字符宽度为 10，但只能输入 6 个字符。
</form>
</center>
</body>
</html>
```

在浏览器中的预览效果如图 2.14 所示。

图 2.14 文本框和密码框

2. 重置、提交、普通按钮和图像域

根据按钮的功能，分为提交按钮，重置按钮和普通按钮。提交按钮用于提交表单数据；重置按钮用于清空现有表单数据；普通按钮一般用于调用 JavaScript 脚本。在用法上设置"type"属性对应的类型即可。

```
<input type="submit" value="提交按钮" name="button"/>
<input type="reset" value="重置按钮" name="reset"/>
<input type="button" value="普通按钮" name="cancel"/>
```

实例代码（代码位置:02\2-9.html）

```
<html>
<head>
  <title>表单</title>
</head>
<body>
<center>
<form name="form_set" method="get" action="#">
    <input type="button" value="表单内的普通按钮" /><br />
    <input type="text" name="txt" value="初始值" />
    <input type="reset" value="复位按钮" />
    <input type="submit" value="提交按钮" />
</form>
</center>
</body>
</html>
```

在浏览器中的预览效果如图 2.15 所示。

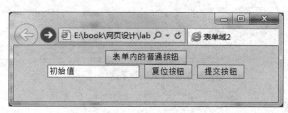

图 2.15 表单按钮

实际应用中，经常用图片按钮来代替，实现图片按钮的效果有多种方法，比较常用的方法就是配合使用"type"和"scr"属性。

例如：

```
<input type="image" src="image/login.gif"/>
```

需要注意：这种方式实现的图片按钮比较特殊，虽然"type"属性没有设置为"submit"，但仍然具备提交功能。

3. 单选框和复选框

单选框用于一组相互排斥的选项，组中的每个选项应具有相同的名称（Name），以确保用户只能选择一个选项，单选按钮对应的"type"属性为"radio"。例如，实现性别的选择。

复选框用于选择多个选项，将 input 的 type 属性设为"checkbox"就可以创建一个复选框。例如，爱好方面的选择。

实例代码（代码位置:02\2-10.html）

```
<html>
<head>
  <title>表单</title>
</head>
<body>
<center>
<form name="form_set" method="get" action="#">
     单选框（带有 label 标签）: <br />
    <label><input type="radio" name="radio" checked="checked" />选项1（初始选定值）</label>
       <label><input type="radio" name="radio" />选项2</label><label><input type="radio" name="radio" />选项3</label><hr />
       复选框: <br />
    <input type="checkbox" name="chk" checked="checked" />选项1（初始选定值）
    <input type="checkbox" name="chk"/>选项2
    <input type="checkbox" name="chk"/>选项3<hr />
    <input type="reset" value="复位按钮" />
</form>
</center>
</body>
</html>
```

在浏览器中的预览效果如图 2.16 所示。

图 2.16　单选框和复选框

4. 文件域和隐藏域

文件域用于上传文件，设置时只需把 type 属性设为"file"即可。

`<input type="file"/>`

文件域会创建一个不能输入内容的地址文本框和一个"浏览"按钮。单击"浏览…"按钮，将会弹出"选择要加载的文件"窗口，选择文件后，路径将显示在地址文本框中。

网站服务器端发送到客户端（用户计算机）的信息，除用户能看到的页面内容外，可能还包含一些"隐藏"信息。例如用户登录后的用户名，用于区别不同用户的用户 id 等。这些信息对于用户可能没用，但对网站服务器有用，所以一般"隐藏"起来，而不在页面中显示。将"type"
属性设置为"hidden"隐藏类型即可创建一个隐藏域。

```
<input type="hidden"/>
```

页面显示的结果中，我们将发现隐藏信息并不显示，但能通过页面的 HTML 代码查看到。

实例代码（代码位置:02\2-11.html）

```
<html>
<head>
 <title>表单域 4</title>
</head>
<body>
<center>
<form name="form_set" method="get" action="#">

        文件域（单击"浏览"按钮可以浏览本机文件）: <br />
        <input type="file" /><hr />
        隐藏域（在页面中不可见，但是可以装载须传输数据）: <br />
        <input type="hidden" name="txt" value="我是隐藏域中的值" />
</form>
</center>
</body>
</html>
```

在浏览器中的预览效果如图 2.17 所示。

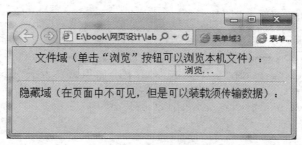

图 2.17　文件域和隐藏域

综上所诉,表单元素<input>的用法如表 2.6 所示。

表 2.6　　　　　　　　　　　　　表单元素<input>的用法

类　　型	功　　能	例　　　子
Text	单行文本输入	<input type="text" name="usename"/>
Password	密码	<input type="password" name="password"/>
Radio	单选	<input type="radio" name="sex"value=" 男 "/> 男 <input type="radio" name="sex"value="女"/>女
Checkbox	多选	<input type="checkbox" name="hobby"value="画"/>画 <input type="checkbox" name="hobby"value="琴"/>琴
Submit	提交表单数据	<input type="submit" value="提交"/>
Reset	重置表单数据	<input type="reset" value="重置"/>
Image	图形提交按钮	<input type="button" value="播放音乐"/>
File	文件上传	<input type="file" name="files" />

5. 下拉列表和列表框

下拉列表主要是为了使用户快速、方便、正确地选择一些选项，而且还能节省页面空间，它是通过<select>和<option>标签来实现的。<select>标签用于显示可供用户选择的下拉列表，每个选项由一个<option>标签表示，<select>标签必须包含至少一个<option>标签。

<select></select>标签如果加上 multiple 属性，下拉列表即变为列表框，其 size 属性设置所显示数据项的数量。

语法如下。

```
<select name="指定列表名称" size="行数"multiple>
  <option value="可选项的值" selected="selected">…</option>
  <option value="可选项的值">…</option>
  ……
</select>
```

其中，再有多种选项可供用户滚动查看时，"size"属性确定列表中可同时看到的行数；"selected"属性表示该选项在默认情况下是被选中的，而且一个列表框只能有一个列表项默认被选中，如同单选按钮组那样。

实例代码（代码位置:02\2-12.html）

```
<html>
<head>
  <title>表单域 5</title>
</head>
<body>
<center>
<form name="form_set" method="post" action="form_rec.asp">
    下拉列表：<br />
    <select name="select">
      <option value="HTML" selected>HTML 技术（初始值）</option>
      <option value="CSS">CSS 技术</option>
      <option value="JS">JavaScript</option>
  </select><hr />
    列表框：<br />
    <select name="select2" size="3" multiple="multiple">
      <option>一月</option>
      <option selected>二月（初始值）</option>
      <option>三月</option>
  </select>
</form>
</center>
</body>
</html>
```

在浏览器中的预览效果如图 2.18 所示。

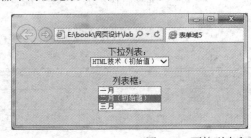

图 2.18　下拉列表和列表框

6. 多行文本框

多行文本框（文本域）是一种用来输入较长内容的表单对象。其语法格式如下：

```
<textarea name="..." cols="..." rows="..." ></textarea>
```

其中，cols 用来指定多行文本域的列数，rows 用来指定多行文本域的行数。在 <textarea>…</textarea>标签对中不能使用 value 属性来赋初始值。

实例代码（代码位置:02\2-13.html）

```
<html>
<head>
  <title>表单域 6</title>
</head>
<body>
<center>

<form name="form_set" method="get" action="#">
多行文本框：<br />
  <textarea name="txt" cols="45" rows="3" wrap="off">请修改文本内容（关闭自动换行）</textarea><br />
  <textarea name="txt" cols="45" rows="3" wrap="physical">请修改文本内容（开启自动换行）</textarea><br />
  <textarea name="txt2" cols="45" rows="2" readonly="true">无法修改的文本内容</textarea>
</form>
</center>
</body>
</html>
```

在浏览器中的预览效果如图 2.19 所示。

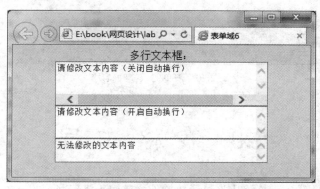

图 2.19　多行文本框

7. 只读和禁用

在某些情况下，我们需要对表单元素进行限制，设置表单元素为只读或禁用。常见的应用场景如下。

只读场景：网站服务器方不希望用户修改的数据，这些数据在表单元素中显示。例如：注册或交易协议，商品价格等。

禁用场景：只有满足某个条件后，才能选用某项功能。例如，只有用户同意注册协议后，才允许单击"注册"按钮，播放器控件在播放状态时，不能再单击"播放"按钮等。

只读和禁用效果分别通过设置"readonly"和"disabled"属性。例如，要实现协议只读或禁用属性注册按钮的效果。

实例代码（代码位置:02\2-14.html）

```html
<html>
<head>
<title>表单</title>
</head>
<body>
<h2><img src="images/read.gif" width="35" height="26" />阅读服务协议 </h2>
<form action="" method="post">
 <textarea name="content" cols="60" rows="8" readonly="readonly">
    欢迎阅读服务条款协议，您的权利和义务......
    </textarea><br /><br />
   同意以上协议<input name="agree"  type="checkbox" />
    <input name="btn"    type="submit" value="注册" disabled="disabled" />
</form>
</body>
</html>
```

在浏览器中的预览效果如图 2.20 所示。

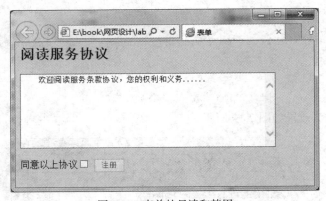

图 2.20 表单的只读和禁用

2.3 表 格 布 局

随着表格应用的深入，表格除用来显示数据外，还用于搭建网页的结构，也就是通常所说的网页布局。下面介绍使用表格实现页面布局。

2.3.1 应用场景

表格布局最典型的应用有两种，图文布局和表单布局。

1. 图文布局
表格的图文布局是将图像和文本都看成单元格的组成内容,然后设置它们所占的行数或列数。

2. 表单布局
表单布局是把注册的各项看成一行，每项的标题显示在同一列，而所填信息也显示在同一列的布局方式。整体看起来较为规整。

2.3.2 图文布局

图文布局是最常用的局部布局，公告栏是典型的应用之一。下面介绍如何使用表格实现图文布局。

一般我们刚开始进行图文布局时，建议采取以下步骤。

（1）分析并确定表格的行列数。

当我们分析行列数时，总是以最小单元格作为依据。只要该单元格不存在跨行或跨列即是最小单元格。

（2）写出一个 5 行 2 列的表格。

为显示效果，设置 border="2"。

（3）确定合并单元格位于几行几列并跨了几行几列。

公告栏标题图片位于一行一列跨了两列；左侧图片位于两行一列跨了四行。

（4）增加 colspan 及 rowspan 属性。

设置跨行列属性后要删除多余单元格达到合并效果。

公告栏标题图片跨两列，即横向合并两个单元格，在一行一列单元格<td>里加入跨列属性colspan="2",然后再删除右边的一个单元格。左侧图片跨四行，则在两行一列单元格里加入跨行属性 rowspan="4"，再删除下方的三个单元格。

布局完以后，我们再来考虑诸如边框 border 及总宽度 width 的修饰设置。

实例代码（代码位置:02\2-15.html）

```html
<html>
<head>
<title>表格布局</title>
</head>
<body>
<table border="1px">
  <tr>
    <td colspan="2"><img src="images/a_title.jpg" alt="公告栏" /></td>
  </tr>
  <tr>
    <td rowspan="4"><img src="images/computer.jpg" width="90" height="90"  /></td>
    <td>网页常用技术</td>
  </tr>
  <tr>
    <td>HTML</td>
  </tr>
  <tr>
    <td>CSS</td>
  </tr>
  <tr>
    <td>Javascript</td>
  </tr>
</table>
</body>
</html>
```

在浏览器中的预览效果如图 2.21 所示。

图 2.21　表格基础

2.3.3　表单布局

表单主要用于搜集用户信息，实现与服务器交互目的。由于表单元素和相应的提示标题一一对应，因此我们可以把标题和表单输入元素各归入相邻的两列中，再根据信息数决定行数，以实现使用表格对表单的基本布局。

我们先考虑简单的表单布局，和图文布局类似，使用表格布局表单只需关注以下三点。

● 需要多少列。结合表单的数据信息，只需标题及输入框两列。

● 各列的跨度是多少。标题"会员名"，"密码"的宽度够容纳四五个汉字即可。

● 特殊元素的跨行跨列数。"登录"按钮需要跨两列，登录页面的标题图片也跨两列。

实例代码（代码位置:02\2-16.html）

```
<html>
<head>
  <title>注册表单</title>
</head>
<body>
<form name="form_set" method="post" action="form_rec.asp">
<table width="450" border="0" align="center" cellpadding="0" cellspacing="0">
  <tr>
    <th scope="col">用户注册</th>
  </tr>
  <tr>
    <td>
      <fieldset>
        <legend>必填信息</legend>
        <table    width="85%"    border="0"    align="center"    cellpadding="0"
cellspacing="2">
        <tr>
          <td width="25%" align="right">用户名</td>
          <td><input type="text" size="16" name="txt" /></td>
        </tr>
        <tr>
          <td width="25%" align="right">密  码</td>
          <td><input type="password" size="16" /></td>
        </tr>
      </table>
    </fieldset>
  </td>
```

```
          </tr>
        <tr>
        <td>
        <fieldset>
          <legend>选填信息</legend>
          <table      width="85%"      border="0"      align="center"      cellpadding="0"
cellspacing="2">
          <tr>
            <td width="25%" align="right">所在城市</td>
            <td><input type="text" size="16" /></td>
          </tr>
          <tr>
            <td width="25%" align="right">所在学校</td>
            <td><input type="text" size="30" /></td>
          </tr>
        </table>
      </fieldset>
    </td>
  </tr>
  <tr>
    <td>
    <fieldset>
      <legend>其他个人信息</legend>
      <table      width="85%"      border="0"      align="center"      cellpadding="0"
cellspacing="2">
      <tr>
        <td width="25%" align="right">性别</td>
        <td>
          <select>
          <option selected="selected">男孩</option>
          <option>女孩</option>
          </select>
      </td>
    </tr>
    <tr>
      <td width="25%" align="right">爱好</td>
      <td><label><input type="checkbox" name="fav" />音乐</label>
          <label><input type="checkbox" name="fav" />体育</label>
          <label><input type="checkbox" name="fav" checked="checked" />计算
机</label>
          </td>
    </tr>
     <tr>
      <td width="25%" align="right">喜欢的公司</td>
      <td><label><input type="radio" name="fav2" />百度</label>
          <label><input type="radio" name="fav2" />阿里巴巴</label>
          <label><input type="radio" name="fav2" />腾讯</label>
        </td>
    </tr>
     <tr>
      <td width="25%" align="right" valign="top">个人简介</td>
```

```
        <td><textarea cols="30" rows="4" wrap="physical" title="请写下您的个人介绍
"></textarea>
            </td>
        </tr>
      </table>
    </fieldset>
  </td>
</tr>
<tr>
  <td><table width="85%" border="0" cellspacing="2" cellpadding="0">
    <tr>
      <td align="right"><input type="submit" value="提交" /></td>
      <td><input type="reset" value="重填" /></td>
    </tr>
      <tr>
      <td align="right"><input type="button" value="无效按钮" disabled="disabled"
/></td>
      <td></td>
    </tr>
    </table>    </td>
  </tr>
</table>
</form>
</body>
</html>
```

在浏览器中的预览效果如图 2.22 所示。

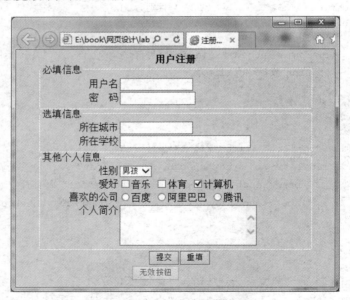

图 2.22　表格基础

2.3.4　表格的嵌套布局

表格嵌套是将一个表格嵌套在另一个表格的单元格中。多重嵌套表格多用于网页布局,构建网页的框架结构。因为嵌套表格比单个表格更利于复杂布局结构的处理。

下面我们通过表格的嵌套来实现一个简单学校网站的基本布局。

实例代码（代码位置:02\2-17.html）

```html
<html>
<head>
  <title>表格布局</title>
</head>
<body topmargin="0" bottommargin="0">
<table width="500" height="400" border="1" align="center" cellpadding="0"
cellspacing="0" bordercolor="#999999">
  <tr>
    <td height="100"><table width="100%" height="100%" border="0" cellspacing="2">
    <tr>
      <td width="112" align="center">logo</td>
      <td align="center">宣传动画</td>
      <td width="120"><table width="100%" height="100" border="0">
      <tr>
        <td>Email</td>
      </tr>
      <tr>
        <td>电话：</td>
      </tr>
      </table></td>
    </tr>
    </table></td>
  </tr>
  <tr>
    <td height="20"><table width="80%" border="0" align="center" cellpadding="0"
cellspacing="2">
      <tr align="center">
        <td>学校首页</td>
        <td>学校介绍</td>
        <td>学校新闻</td>
        <td>课程信息</td>
        <td>学校论坛</td>
      </tr>
    </table></td>
  </tr>
  <tr>
    <td valign="top"><table width="100%" height="100%" border="0">
    <tr>
      <td width="20%" valign="top"><table width="100%" height="200" border="0" >
      <tr>
        <td align="center">文章列表</td>
      </tr>
      <tr>
        <td>1.文章标题 1</td>
      </tr>
      <tr>
        <td>2.文章标题 2</td>
      </tr>
      <tr>
        <td>3.文章标题 3</td>
```

```
      </tr>
    </table></td>
    <td valign="top"><table width="100%" height="200" border="0" cellspacing="0">
      <tr>
        <td height="45" align="center"><strong>文章标题</strong></td>
      </tr>
      <tr>
        <td valign="top" bgcolor="#cccccc">文章内容</td>
      </tr>
    </table></td>
  </tr>
  </table></td>
</tr>
<tr>
  <td height="75"><table width="200" border="0" align="center">
  <tr>
    <td>网站备案：</td>
  </tr>

  </table></td>
</tr>
</table>
</body>
</html>
```

在浏览器中的预览效果如图 2.23 所示。

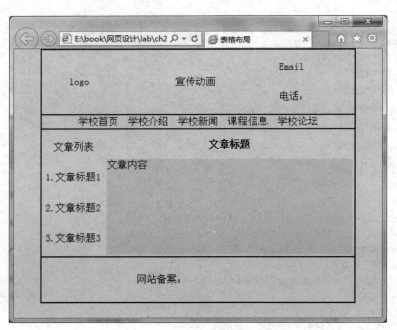

图 2.23　表格布局

可以看出，只要先把表格的结构与多个表格的嵌套关系理顺，然后逐步设置不同单元格的高度和宽度即可。表格布局具有结构相对稳定、简单通用的优点，所以表格布局仅适用于页面中数据规整的局部布局。

但是使用嵌套表格布局页面，HTML 层次结构复杂，代码量非常大，并且 HTML 结构的语义化差，所以页面的整体布局一般采用主流的 DIV+CSS 布局将在后面进行详细讲解。

2.4　实　践　指　导

2.4.1　实践训练技能点

1. 掌握表格的基本结构，熟悉表格标签的使用。
2. 会使用表格标签属性修饰美化表格。
3. 了解表单的基本形式，掌握表单元素的使用方法。

2.4.2　实践任务

任务 1　表格嵌套和表格内的标签

编写 HTML 代码，实现如图 2.24 所示的页面效果。

图 2.24　表格嵌套和表格内的标签

任务 2　跨多行多列的表格

编写 HTML 代码，实现如图 2.25 所示的页面效果。

图 2.25　跨多行多列的表格

任务 3　给表单加分类边框

编写 HTML 代码，实现如图 2.26 所示的页面效果。

图 2.26　给表单加分类边框

任务 4　注册表单布局

编写 HTML 代码，实现如图 2.27 所示的页面效果。

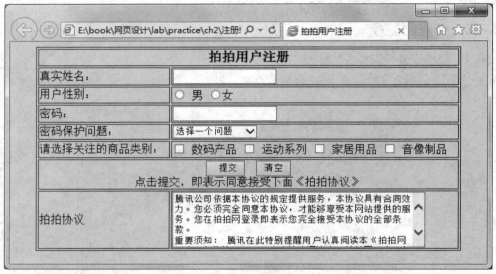

图 2.27　注册表单布局

小　结

- 超链接标签<a>用于建立页面间的导航链接，链接可分为页面间链接、锚链接、功能性链接。
- 表单<form>的常用属性包括 action 和 method。
- 大部分的表单元素使用<input>标签表示，通过设置"type"值来分别实现如下几项。
  - ➢ 文本框、密码框、隐藏域
  - ➢ 提交按钮、重置按钮、普通按钮、图片提交按钮
  - ➢ 单选按钮、复选框
- 其他表单元素还包括下拉列表框、多行文本域、文件域等。
- 表单的高级用法是设置表单元素的只读、禁用、隐藏状态。

拓展训练

1. 编写 HTML 代码，实现如图 2.28 所示的页面效果。

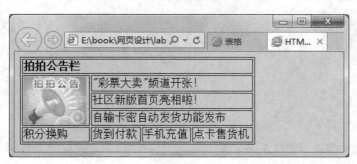

图 2.28 图文布局

2. 使用所学的表单元素相关知识，制作商城网站注册页。实现如图 2.29 所示的页面效果。

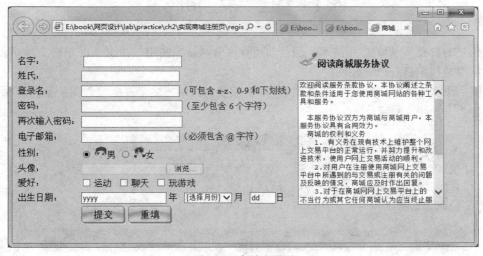

图 2.29 商城注册页

第3章
框 架

学习目标
- 使用框架结构实现多窗口页面
- 使用<iframe />内嵌复用页面

3.1 框 架 简 介

框架是 HTML 早期的应用技术，但目前还有部分网站在使用，如图 3.1、图 3.2 所示。
使用框架技术具有以下好处。

在同一个浏览器窗口显示多个页面。使用框架能有机地把多个页面组合在一起，但各个页面
间相互独立，如图 3.3 所示。

图 3.1 框架用于导航

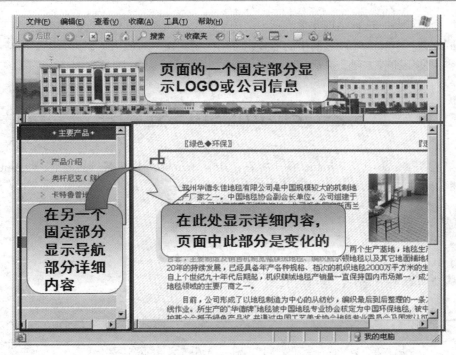

图 3.2 框架用于产品宣传

图 3.3 框架用于显示多个页面

可以实现页面复用，例如，为了保证统一的网站风格，网站每个页面的底部和顶部一般都相同。因此，可以利用框架技术，将网站的的顶部或底部单独作为一个页面，方便其他页面复用。

实现典型的"目录结构"，即左侧目录，右侧内容，当用户单击左侧窗口的目录时，在右侧窗口中显示具体内容，如后台管理、产品介绍等网页都是这样的页面结构。

常用的框架技术有以下两种。

● 框架集（<frameset>）:这是早期的框架技术，页面各窗口全部用框架（<frame>）实现，形成一个框架集。这种结构非常清晰，适用于整个页面都用框架实现的场合。

● 内嵌框架（<iframe>）：页面中的部分内容用框架实现，一般用于在页面中引用站外的页面内容，使用比较方便、灵活。

3.2 <frameset>框架集

框架集包含<frameset>和<frame>两个标签，其中<frameset>描述窗口的分割，<frame>定义放置在每个框架中的 HTML 页面。基本语法如下。

```
<frameset cols="25%,50%,*" rows="50%,*" border="5">
  <frame src=" first.html">
<frame src=" second.htm">
……
</frameset>
```

常用属性如表 3.1 所示

表 3.1   frameset 的常用属性

属 性 名	说　明
rows	用"像素数"或百分百分割上下窗口，其中"*"表示剩余部分
cols	用"像素数"或百分百分割左右窗口，其中"*"表示剩余部分
frameborder	设置框架的边框，0 表示没有边框，1 表示显示边框
framespacing	表示框架与框架间的空白距离

3.2.1 水平框架

要实现水平框架只需设置<frameset>标签的"rows"行数属性。使用<frame>标签的"src"属性引用各框架对应的页面文件，同时还可以使用"name"属性标识各框架窗口。

需要注意的是：<frameset>标签和<body>标签不能同时使用，所以需要使用"<frameset>"代替页面中的"<body>"标签。

实例代码（代码位置:03\3-1.html）

```
<html>
<head>
<title>水平框架</title>
</head>
<frameset rows="20%,*,30%" border="5" bordercolor="#FF0000">
    <frame name="topFrame" src="subframe/first.html" />
    <frame name="mainFrame" src="subframe/second.html" />
    <frame name="bottoFrame" src="subframe/third.html" />
</frameset>

</html>
```

在浏览器中的预览效果如图 3.4 所示。

其中，为了突出显示各框架，加了宽度为 5 的红色边框。另外，由于框架网页包含多个页面，为了分清框架结构页以及各框架窗口对应的子页面，特意将各子页面单独放到文件夹 subframe 中。

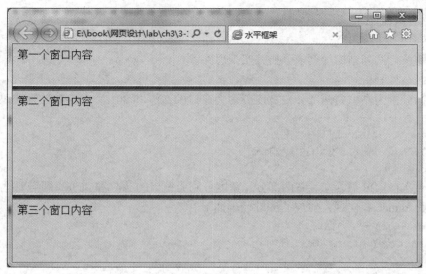

图 3.4　水平框架

3.2.2　垂直框架

垂直框架与水平框架很类似，只需要设置<frameset>的"cols"列数属性即可。

实例代码（代码位置:03\3-2.html）

```
<html>
<head>
 <meta http-equiv="Content-Type" content="text/html; charset=utf-8"  />
 <title>垂直框架</title>
</head>
<frameset cols="200,*,200" border="5" bordercolor="#FF0000">
    <frame name="leftFrame" src="subframe/first.html" />
    <frame name="mainFrame" src="subframe/second.html" />
    <frame name="rightFrame" src="subframe/third.html" />
</frameset>

</html>
```

在浏览器中的预览效果如图 3.5 所示。

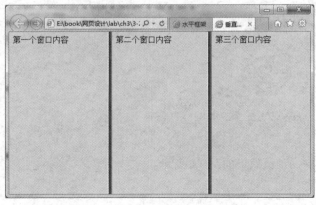

图 3.5　垂直框架

3.2.3　混合框架

以典型的两行两列结构为例来分析其实现思路。

（1）页面结构分析

整个页面分割为左、右两部分，宽度分别为窗口的 20%和 80%，对应的关键代码如下。

```
<frameset cols ="20%,80%">
    <frame src="left 窗口对应文件"/>
    <frame src="right 分窗口对应文件"/>
</frameset>
```

下部分再次横向分割为左、右两部分，宽度分别为窗口的 20%和 80%，即需要把上述第二个
<frame>改为<frameset>实现，对应的关键代码如下。

```
<frameset cols ="20%,80%">
    <frame src="left 窗口对应文件"/>
  <frameset rows="75%,25%">
    <frame src="main 窗口对应文件"/>
    <frame src="bottom 窗口对应文件"/>
</frameset>
</frameset>
```

（2）框架修饰分析

要实现上述框架效果，除边框外，还需用到框架的其他修饰属性。例如，是否允许调整各框
架窗口的大小，则使用"noresize"属性，当框架内的页面内容较多时，是否需要显示滚动条，则
使用"scrolling"属性设置，框架<frame>常用的属性如表 3.2 所示。

表 3.2　　　　　　　　　　　　框架<frame>的常用属性

属 性 名	作 用	举 例
frameborder	是否显示框架周围的边框	frameborder="1"
name	框架标识名	name="mainFrame"
scrolling	是否显示滚动条	scrolling="no"
noresize	是否允许调整框架窗口大小	noresize="noresize"

实例代码（代码位置:03\3-3.html）

```
<html>
<head>
    <title>混合框架</title>
</head>
<frameset cols ="20%,80%">
    <frame src="subframe/left.html">
    <frameset rows="75%,25%">
        <frame src="subframe/main.html" />
        <frame src="subframe/bottom.html" />
    </frameset>
</frameset>
</html>
```

在浏览器中的预览效果如图 3.6 所示。

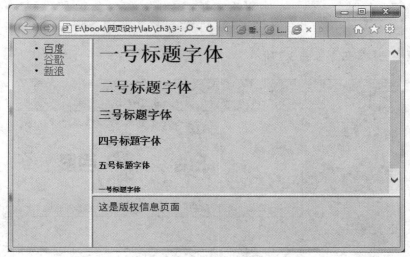

图 3.6　混合框架

3.2.4　实现窗口间的关联

关键在于设置超链接"target"目标窗口属性，具体的实现思路如下。

（1）在框架页面中，为右侧框架窗口添加"name"名称表示，关键代码如下。

```
<frame src="subframe/right.html" name="rightFrame"/>
```

实例代码（代码位置:03\3-4.html）

```
<html>
<head>
    <title>混合框架</title>
</head>
<frameset cols ="20%,80%">
    <frame src="subframe/left.html" name="leftFrame">
    <frameset rows="75%,25%">
        <frame src="subframe/main.html" name="mainFrame"/>
        <frame src="subframe/bottom.html" name="bottomFrame"/>
    </frameset>
</frameset>
</html>
```

（2）在左侧窗口对应的页面中，设置超链接"target"目标窗口属性为希望显示的框架窗口名，在右侧窗口显示即为：

```
<a href="right.html" target="rightFrame">……</a>
```

实例代码（代码位置:03\subframe\left.html）

```
<html>
<head>
    <title>LEFT</title>
</head>
<body>
    <ul>
        <li><a href="http://www.baidu.com" target="mainFrame">百度</a></li>
        <li><a href="http://www.1688.com" target="mainFrame">阿里巴巴</a></li>
        <li><a href="http://www.qq.com.cn" target="mainFrame">腾讯</a></li>
```

```
      </ul>
  </body>
  </html>
```

在浏览器中的预览效果如图 3.7 所示。

图 3.7　窗口间的关联

这里我们再总结下 target 属性的用法，如表 3.3 所示。

表 3.3　　　　　　　　　　　　　　　target 属性的取值

属 性 名	作　　用
框架窗口名	在指定的框架窗口中打开链接
_blank	在新窗口中打开链接
_self	在链接所在页面的自身窗口中打开链接
_parent	在父框架中打开链接，如果不是框架网页，则含义同"_self"
_top	在顶级窗口即整个浏览器窗口中打开链接

3.3　<iframe>内嵌框架

框架集<frameset>，它适用于整个页面都用框架实现的场合，缺点是比较烦琐，使用相当不灵活；<iframe>内嵌框架则显得更受欢迎，它适用于将部分框架内嵌入页面的场合，一般用于引用其他的网站的页面。

3.3.1　<iframe>的用法

<iframe>用法和<frame>比较类似，其语法如下。

```
<iframe src="引用页面地址" name="框架标识名" frameborder="边框" scrolling="是否出现滚动条"></iframe>
```

实例代码（代码位置:03\3-5.html）

```
<html    xmlns="http://www.w3.org/1999/xhtml">
<head>
```

```
 <meta http-equiv="Content-Type" content="text/html; charset=utf-8" />
 <title>iframe 简单使用</title>
</head>
<body>
 <iframe  src="http://www.baidu.com"  width="500px"  height="350px"  frameborder="1"
scrolling="no" ></iframe>
 <iframe  src="subframe/second.html"  width="500px"  height="350px"  scrolling="no"
></iframe>
</body>
</html>
```

在浏览器中的预览效果如图 3.8 所示。

图 3.8　iframe 框架

3.3.2　设置 iframe 常用属性

类似前面学习的<frameset>框架，<iframe>内嵌框架的常用属性包括 name、scrolling、noresize 和 frameborder。其中 name、noresize 和 scrolling 与表 3.2 所列<frame>属性的作用一样。

实例代码（代码位置:03\3-6.html）

```
<html>
<head>
 <meta http-equiv="Content-Type" content="text/html; charset=gb2312" />
 <title>iframe 常用属性</title>
</head>
<body>
    <h1>上方导航条</h1>
    <p><a href="subframe/first.html" target="mainFrame">下边显示第一页</a><br /><br />
    <a href="subframe/second.html" target="mainFrame">下边显示第二页</a><br /><br />
    <a href="subframe/third.html" target="mainFrame">下边显示第三页</a><br />
    </p>
    <iframe    name="mainFrame"    width="800px"    height="150px"    scrolling="yes"
noresize="noresize" src="subframe/second.html" />
</body>
</html>
```

在浏览器中的预览效果如图 3.9 所示。

图 3.9　浮点框架属性设置

3.4　框架综合实例

综合利用本章知识点制作一个完整的框架综合实例。

（1）创建 4 个网页，命名为 frameset.html、left.html、right.html 和 top.html,编写 frameset.html
文件代码如下所示。

实例代码（代码位置:03\frameset.html）

```html
<html>
<head>
<title>综合实例</title>
</head>

<frameset rows="80,*" frameborder="no" border="0" framespacing="0">
  <frame src="top.htm" name="top" scrolling="no" noresize="noresize" />
  <frameset cols="150,*" frameborder="no" border="0" framespacing="0">
      <frame src="left.htm" name="left" scrolling="no" noresize="noresize">
      <frame src="right.htm" name="right" />
  </frameset>
</frameset>
<noframes>
<body>
对不起，本网页的内容为框架页面，您的浏览器不支持框架页面，请尽快升级浏览器。
</body>
</noframes>
</html>
```

（2）编写 left.html 文件代码如下所示。

实例代码（代码位置:03\left.html）

```html
<html>
<head>
<title>左边导航列表</title>
```

```
</head>
<body bgcolor="#eeeeee">
链接列表<hr />
<a href="left.htm" target="right" title="显示在 right 框架中">left.htm</a><hr />
<a href="right.htm" target="_self" title="显示在本框架中">right.htm</a><hr />
<a href="3-5.htm" target="_top" title="显示在整个浏览器中">index.htm</a><hr />
</body>
</html>
```

（3）编写 right.html 文件代码如下所示。

实例代码（代码位置:03\right.html）

```
<html>
<head>
<title>右边主页面</title>
</head>
<body>
这是主页面,可在浮动框架中显示:
<a href="left.htm" target="if" title="显示在浮动框架中">left.htm</a>
<a href="right.htm" target="if" title="显示在浮动框架中">right.htm</a>
<a href="top.htm" target="if" title="显示在浮动框架中">top.htm</a>
<a href="index.htm" target="if" title="显示在浮动框架中">index.htm</a>
<iframe src="3-5.htm" width="280" height="80" name="if" scrolling="auto"></iframe>
</body>
</html>
```

（4）编写 top.html 文件代码如下所示。

实例代码（代码位置:03\top.html）

```
<html>
<head>
<title>导航</title>
</head>
<body>
<table width="400" border="0" align="center" cellpadding="0" cellspacing="2">
  <tr align="center">
    <td bgcolor="#cccccc"><a href="frameset.htm" target="_top" title="回到框架综合实例">网站首页</a></td>
    <td bgcolor="#cccccc"><a href="left.htm" target="right" title="在 right 帧中显示 left.htm">公司介绍</a></td>
    <td bgcolor="#cccccc"><a href="right.htm" target="right" title="在 right 帧中显示 right.htm">公司产品</a></td>
    <td bgcolor="#cccccc"><a href="top.htm" target="right" title="在 right 帧中显示 top.htm">公司宣传</a></td>
    <td bgcolor="#cccccc"><a href="3-5.htm" target="right" title="在 right 帧中显示 index.htm">联系我们</a></td>
  </tr>
</table>
</body>
</html>
```

本例中使用<noframes></noframes>,以便兼容不支持框架的浏览器。

在浏览器中的预览效果如图 3.10 所示。

图 3.10　框架综合实例

3.5　实　践　指　导

3.5.1　实践训练技能点

1. 会使用框架集来创建框架，掌握 target 属性的使用方法。
2. 实现基于框架基础上的页面跳转。
3. 会使用 iframe 实现页面重用。

3.5.2　实践任务

任务 1　行列划分的框架

使用 HTML 编辑工具，编写 HTML 代码，实现如图 3.11 所示的页面效果。

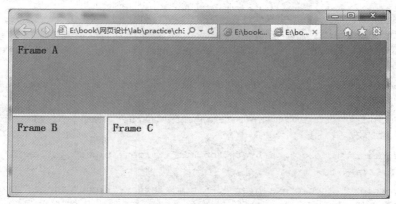

图 3.11　行列划分的框架

任务 2　窗口间的关联

使用 HTML 编辑工具，编写 HTML 代码，实现如图 3.12 所示的页面效果。

1. 右边框架设置 name 属性为"showFrame"；
2. 左边框架文件中，将链接目标设置为"showFrame"。以此实现窗口间的关联。

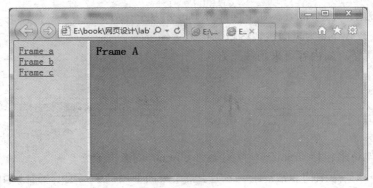

图 3.12　窗口的联动

任务 3　iframe 的基本用法

使用 HTML 编辑工具，编写 HTML 代码，实现如图 3.13 所示的页面效果。

图 3.13　浮点框架

任务 4　利用框架技术布局页面

使用 HTML 编辑工具，编写 HTML 代码，实现一个简单的帮助中心页面，并实现基于框架的页面跳转，如图 3.14 所示的页面效果。

图 3.14　利用框架技术布局

框架结构分为上下两个部分，在下面部分中再分为左右两个部分。

target=#value，#value 为页面跳转区域的框架名称。

框架上部及跳转页面内容可采用截图方式。

小 结

- 常用的框架技术包括<frameset>框架集和<iframe>内嵌框架。
- <frameset>框架集结构非常清晰，适用于整个页面都用框架实现的场合；<iframe>内嵌框架使用比较方便、灵活，一般用于在页面中引用站外的页面内容时。
- <frameset>框架集使用<frameset>和<frame>标签实现，<frameset>的 rows 和 cols 属性实现窗口的横向和纵分割。
- 配合使用<a>标签的 target 属性以及<frame>标签的 name 属性，可以实现窗口间的关联。
- <a>标签的 target 属性除设置为具体的框架名外，还包括_blank,_self,_top,_parent 四种特殊窗口。
- 和<frameset>框架相比，<iframe>内嵌框架比较灵活，只需要一句代码即可引用站内或站外的某个网页。

拓展训练

1. 编写 HTML 代码，实现如图 3.15 所示的页面效果。

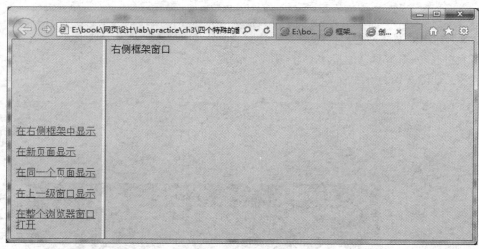

图 3.15　框架应用

2. 编写 HTML 代码，实现如图 3.16、3.17 所示的页面效果。

图 3.16　框架布局

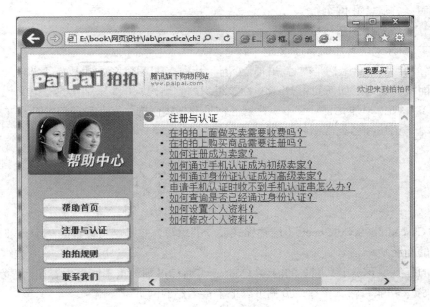

图 3.17　框架布局

第4章
CSS 样式表基础

学习目标
- 掌握 CSS 的基本语法及样式规则
- 掌握类选择器和 ID 选择器的定义方式
- 使用文本和字体样式美化网页
- 使用背景样式美化网页
- 使用伪类样式控制超链接样式
- 掌握 CSS 样式中常用的属性设置

W3C 提倡的 Web 页结构是内容和样式分离，其中 XHTML 负责组织内容结构，CSS 负责表现样式，前面我们学会了如何使用 HTML 标签组织内容结构，并要求结构具有语义化，本章将介绍使用 CSS 的好处，基本语法、文本、背景等常见的样式修饰，重点是理解内容和样式分离的思想，CSS 的基本语法和各类常用的修饰。

4.1 CSS 简介

CSS 是 Cascading Style Sheets（层叠样式表）的缩写，它是网页设计的一个突破，解决了网页界面排版的问题。

HTML 的标签主要是定义网页的内容（Content），而 CSS 则侧重于网页内容如何显示（Layout）。借助 CSS 的强大功能，网页设计人员就可以把丰富多彩的网页设计出来。

使用 CSS 具有以下突出优势。

- 实现内容和样式的分离，利于团队开发。

样式美化可以由美工人员负责，而软件开发人员主要负责页面内容的开发。如图 4.1 所示。

- 实现样式复用，提高开发效率。

同一网站的多个页面可以共用同一个样式表，提高了网站的开发效率，同时也方便对网站的更新和维护。如需要更新网站外观，则更新网站的样式表文件即可。

- 实现页面的精确控制。

和带有样式的 HTML 标签相比，CSS 具有强大的样式控制能力和排版能力。CSS 包含文本（含字体）、背景、列表、超链接、外边距等丰富的各类样式，可以实现各种复杂、精美的页面效果。

图 4.1　使用 CSS 实现内容和样式分离

● 更利于搜索引擎的搜索。

和早期同时包含内容和样式的 Web 页相比，内容和样式分离后，减少了原 Web 页的代码量，使得 Web 页的内容结构更加突出，利于搜索引擎更加有效地搜索 Web 页面。因此，W3C 不推荐使用带样式的 HTML 标签，HTML 标签中也尽量少用带样式的属性。

CSS 的作用是定义外观及布局。图 4.2 为应用 CSS 样式前后的对比效果。

图 4.2　应用 CSS 样式的前后对比

CSS 样式常用的两大用途是页面内容（元素）修饰和页面布局。下面先介绍 CSS 布局再介绍页面内容的修饰，页面布局放在下一章讲解。

4.2　CSS 基本语法

样式表由样式规则组成，这些规则告诉浏览器如何显示文档。一个样式（Style）的基本语法由三部分构成：选择器，属性和属性值。

4.2.1　基本结构

层叠样式表一般用<style>标签来声明样式规则，即告诉浏览器页面中各类内容或页面元素应如何显示，其基本结构如下。

```
<style type="text/css">
    选择器{
        对象的属性1：属性值1；
        对象的属性2：属性值2；
        }
</style>
```

其中选择器表示被修饰的对象，例如页面中被修饰的列表<li>等；属性是希望改变的样式，例如颜色 color 等。属性和属性值用冒号隔开。例如设页面中所有的<li>标签的文字颜色为红色，字体大小为 30px，字体类型为宋体，对应的样式规则则为：

```
<style type="text/css">
 li{ color:red;
     font-size:30px;
     font-family:宋体;
 }
</style>
```

4.2.2　选择器的分类

根据选择器表示所修饰的内容类别，选择器分为标签选择器、类选择器、ID 选择器。

1．标签选择器

当需要对页面内某类标签的内容进行修饰时，则采用标签选择器，这些标签可以是前面学过的所有 HTML 标签，其用法如下。

```
标签名{属性名1：属性值1；
      属性名2：属性值2；
      …
      }
```

例如，希望修饰页面中的所有项目列表项（<li>）的样式为：字体大小为 28px、红色、隶书。

实例代码（代码位置:04\4-1.html）

```
<html>
<head>
<title>标签选择器</title>
 <style>
   li{color:red;font-size:28px;font-family:宋体; }
 </style>
</head>
```

```
<body>
    <div>
        <ul>
            <li>服装城</li>
            <li>食品</li>
            <li>团购</li>
        </ul>
    </div>
</body>
</html>
```

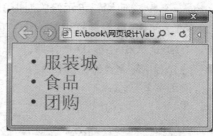

图 4.3　标签选择器效果图

在浏览器中的预览效果如图 4.3 所示。

2. 类选择器

使用类选择器可以把相同的元素分类定义为不同的样式。使用步骤分为以下两步。

（1）定义样式，语法如下。

.类名{属性名 1：属性值 1；

属性名 2：属性值 2；

…

　}

（2）应用样式，使用标签的"class"属性引用类样式，即<标签名 class="类名">标签内容</标签名>。需要注意：定义时类名前有个点号（.），应用样式时则不需要点号。

实例代码（代码位置:04\4-2.html）

```
<html    xmlns="http://www.w3.org/1999/xhtml">
<head>
 <meta http-equiv="Content-Type" content="text/html; charset=gb2312"  />
 <title>类选择器</title>
 <style>
   li{color:red;font-size:26px;font-family:宋体; }
   .blue{color:blue;}
 </style>
</head>
<body>
    <div>
        <ul>
            <li class="blue">服装城</li>
            <li>食品</li>
            <li class="blue">团购</li>
        </ul>
    </div>
</body>
</html>
```

在浏览器中的预览效果如图 4.4 所示。

定义类选择的好处是任何标签都可以应用该类样式，从而实现样式的共享和代码复用，需要注意，样式是叠加和继承的。当产生样式的叠加时，CSS 规定后定义的样式覆盖前面定义的样式。

图 4.4　类选择器效果图

3. ID 选择器

ID 属性类似我们的身份证，ID 属性作为 HTML 元素的唯一标识，要求页面内不能有重复的

ID 标识属性。对应的 ID 选择器一般用于修饰对应 ID 标识的 HTML 元素内容，实际应用中常和 <div>标签配合使用，表示修饰对应 ID 标识的某个 div 区块，其使用步骤如下。

（1）使用 ID 属性标识被修饰的页面元素。例如，对应 div 块，则为<div id="ID 标识名">。

（2）定义相应的 ID 选择器样式，语法如下：

```
#ID 标识名{属性名 1：属性值 1；
属性名 2：属性值 2；
…
}
```

需要注意，定义 ID 选择器时有个井号（#）但给 HTML 标签设置 ID 属性时不需要。ID 选择器用于修饰某个指定的页面元素或区块，这些样式是对应 ID 标识的 HTML 元素所独占的；而类选择器是定义某类样式让多个 HTML 元素共享，这些样式是可以共享和代码复用的。

实例代码（代码位置:04\4-3.html）

```
<html>
<head>
<title>ID 选择器</title>
 <style>
   #emphasis{font:bold 18px 宋体;}
 </style>
</head>
<body>
    <div id="emphasis">
        <ul>
            <li>服装城</li>
            <li>食品</li>
            <li>团购</li>
        </ul>
    </div>
    <div>
        <ul>
            <li>服装城</li>
            <li>食品</li>
            <li>团购</li>
        </ul>
    </div>
</body>
</html>
```

在浏览器中的预览效果如图 4.5 所示。

图 4.5　ID 选择器效果图

4.3　常用的样本属性

CSS 的属性非常庞大，我们可以从网上搜索相关资料或者查阅相关专著。这里只列出常用的且实用的 CSS 属性。

4.3.1　CSS 的属性单位

1. 长度单位

长度单位有相对长度单位和绝对长度单位两种类型。长度单位见表 4.1。

表 4.1　　　　　　　　　　　　　　　　常用长度单位表

长度单位	简　　介	示　　例	长度单位类型
em	相对于当前对象内字符 "M" 的宽度	div{font-size:1.2em}	相对长度单位
ex	相对于当前对象内字符"x"的高度	div{font-size:1.2ex}	相对长度单位
px	像素（Pixel）。像素是相对于显示器屏幕分辨率而言的	div{font-size:12px}	相对长度单位
pt	点（Point）。1 pt=1/72in	div{font-size:12pt}	绝对长度单位
pc	派卡（Pica）。相当于我国新四号铅字的尺寸。1 pc=12 pt	div{font-size:0.75pc}	绝对长度单位
in	英寸（Inch）。1in=2.54cm=25.4mm=72pt=6pc	div{font-size:0.13in}	绝对长度单位
cm	厘米（Centimeter）	div{font-size:0.33cm}	绝对长度单位
mm	毫米（Millimeter）	div{font-size:3.3mm}	绝对长度单位

百分比单位也是一种常用的相对类型。

例如：

```
hr{ width: 80% }              /* 线段长度是相对于浏览器窗口的 80% */
```

2. 颜色单位

（1）用十六进制数方式表示颜色值

在 HTML 中，要使用 RGB 概念指定颜色时，使用一个 "#" 号，加上 6 个十六进制的数字表示，表示方法为：#RRGGBB。

（2）用 rgb 函数方式表示颜色值

在 CSS 中，可以用 rgb 函数设置出所要的颜色。语法为：rgb(R,G,B)。

例如：

div { color: rgb(132,20,180) }

（3）用颜色名称方式表示颜色值

CSS 也提供了与 HTML 一样的用颜色名称表示颜色的方式。例如：

div {color: red }

4.3.2　字体属性

字体属性用于设置字体的外观，包括字体、字号等，常用的字体属性如表 4.2 所示。

表 4.2　　　　　　　　　　　　　　　常用的字体属性

CSS 属性	功　能	值
font-family	设置文本字体	文字字体取值可以为 Arial，宋体等多种字体
font-size	文字字号	small，medium，large…或直接指定字体大小
font-style	文字样式	normal：正常的字体, italic 斜体…
font-weight	文字加粗	normal 正常的字体, bold 粗体, lighter 细体, 100, 200…

实例代码（代码位置:04\4–4.html）

```html
<html>
    <head>
        <title>文字属性设置</title>
        <style type="text/css">
                /*文字属性设置*/
            h3{font-family:隶书;font-weight:bolder;color:green;margin:auto}
            p{font-size:14px;font-style:italic;color:#8B008B;font-weight:bold}
        </style>
    </head>
    <body>
        <div>
        <h3>再别康桥</h3>
        <p>
            轻轻的我走了，正如我轻轻的来；<br>
            我轻轻的招手，作别西边的云彩。<br>
        </p>
        </div>
    </body>
</html>
```

在浏览器中的预览效果如图 4.6 所示。

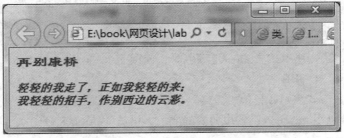

图 4.6　设置字体属性效果图

4.3.3　文本属性

文本属性主要用来对网页中的文字进行控制，如控制文字的大小、类型、样式、颜色以及对齐方式等，从而使页面中的文本达到我们想要的外观。常用的文本属性如表 4.3 所示。

表 4.3　　　　　　　　　　　　　　　常用的文本属性

文　本　属　性	功　能	取　值　方　式
text-indent	实现文本缩进	长度（length）：可以用绝对单位（cm，px）；百分比（%）

续表

文 本 属 性	功　　能	取 值 方 式
text-align	设置文本的对齐方式	left：左对齐　center：居中对齐　right：右对齐 justify：两端对齐
line-height	设置行高	数字或百分比，具体可参考文本缩进的取值方式
word-spacing	文字间隔，用来修改段落中文字之间的距离	默认值为 0。值可以为负数。为正数时，文字间的间隔会增加，反之会减少
letter-spacing	字母间隔，控制字母或字符之间的间隔	取值同文字间间隔类似
text-transform	文本转换，主要是对文本中字母大小写的转换	uppercase:将整个文本变为大写；lowercase:将整个文本变为小写；capital：首字母大写
text-decoration	文本修饰，修饰强调段落中一些主要的文字	none、underline、overline、line-through(删除线)和 blink(闪烁)

实例代码（代码位置:04\4-5.html）

```html
<html>
    <head>
        <title>文本属性设置</title>
        <style type="text/css">
                p{line-height:40px;word-spacing:4px; text-indent:30px
                ;text-decoration:underline;text-transform:lowercase;margin:auto}
        </style>
    </head>
    <body>
        <div>
        <h3>再别康桥</h3>
        <p>
            轻轻的我走了，正如我轻轻的来；
            我轻轻的招手，作别西边的云彩。
        </p>
        </div>
    </body>
</html>
```

在浏览器中的预览效果如图 4.7 所示。

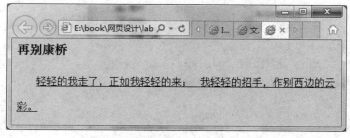

图 4.7　常用文本属性效果图

4.3.4　背景属性

背景包括背景颜色、背景图像以及背景图像以何种方式平铺在指定的区域内。表 4.4 列出了常用的背景属性。

表 4.4 常用的背景属性

背 景 属 性	功 能	取 值 方 式
background-color	设置对象的背景颜色	属性的值为有效的色彩数值
background-image	设置背景图片	可以通过 URL 指定值来设定绝对或相对路径指定网页的背景图像，例如，background-image: url（xxx.jpg）
background-repeat	背景平铺，设置指定背景图像的平铺方式	repeat：背景图像平铺（有横向和纵向两种取值：repeat-x:图像横向平铺；repeat-y:图像纵向平铺；norepeat：不平铺）
background-attachment	背景附加	scroll：背景图像是随内容滚动的；fixed：背景图像固定，即内容滚动而图像不动
background-position	背景位置，确定背景的水平和垂直位置	左对齐（left），右对齐（right），顶部（top），底部（bottom），和值（自定义背景的起点位置，可对背景位置做出精确的控制）
background	该属性是复合属性，即上面几个属性的随意组合，它用于设定对象的背景样式	该属性实际上对应上面几个具体属性的取值，如 background: url（xxx.jpg）就等价于 background-image: url（xxx.jpg）

实例代码（代码位置:04\4-6.html）

```
<html>
    <head>
        <title>CSS 属性演示</title>
        <style type="text/css">
            /*文本属性设置*/
            p{line-height:40px;word-spacing:4px;
                ;text-decoration:none;text-transform:lowercase;margin:auto}
            /*文字属性设置*/
            h3{font-family:隶书;font-weight:bolder;color:green;margin:auto}
            p{font-size:14px;font-style:italic;color:#8B008B;font-weight:bold}
            /*背景属性设置*/
            body{background:url(images/background.jpg);background-repeat:repeat-x}
        </style>
    </head>
    <body>
        <div>
        <h3>再别康桥</h3>
        <p>
            轻轻的我走了，正如我轻轻的来；<br>
            我轻轻的招手，作别西边的云彩。<br>
        </p>
        </div>
    </body>
</html>
```

在浏览器中的预览效果如图 4.8 所示。

图 4.8　常用背景效果图

4.3.5　列表的常用属性

常见的各类商品分类列表或导航菜单一般都使用 ul-li 结构实现，如图 4.9 所示。和实际应用的导航菜单（图）相比，样式方面比较难看。下面通过设置列表属性实现图 4.10 所示效果。

图 4.9　未修饰的导航菜单

1. list-style

list-style 属性用于定义列表项的各类风格，常用的属性值如表 4.5 所示。

表 4.5　　　　　　　　　　　　　　　　　列表项常用属性

属 性 值	方 式	语 法	示 例
none	无风格	list-style:none;	刷牙 洗脸
disc	实心圆（\<ul\>默认类型）	list-style:disc;	● 刷牙 ● 洗脸
circle	空心圆	list-style:circle;	○ 刷牙 ○ 洗脸
square	实心正方形	list-style:square;	■ 刷牙 ■ 洗脸
decimal	数字（\<ol\>默认类型）	list-style:decimal	1. 刷牙 2. 洗脸

2. float 属性

float 属性用于定义元素的浮动方向，所有元素都支持该属性，它可以改变块级元素默认的换行显示方式。此处用于将纵向排列的列表项改为横向排列，设置为"float：left"表示列表项都向左浮动，从而实现该效果。

实例代码（代码位置:04\4-7.html）

```
<html>
<head>
<title>导航菜单列表</title>
<style>
    li{width:120px;color:red;font:24px 隶书;list-style:none;float:left;}
</style>
</head>
<body>
<div>
    <ul>
        <li>购物车</li>
        <li>帮助中心</li>
        <li>加入收藏</li>
        <li>设为首页</li>
        <li>登录</li>
        <li>注册</li>
    </ul>
</div>
</body>
</html>
```

在浏览器中的预览效果如图 4.10 所示。

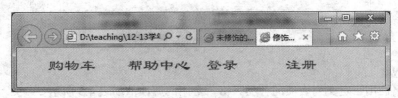

图 4.10　列表常用属性效果图

4.3.6　超链接伪类样式

超链接的样式比较特殊，当为某文本或图片设置超链接时，文本或图片标签将继承超链接的默认样式，标签的原默认样式将失效。

伪类就是不根据名字、属性、内容而根据标签处于某种行为或状态时的特征来修饰样式，伪类可以对用户与文档交互时的行为作出响应。伪类样式的基本语法为"标签名:伪类名{属性:属性值;}"。最常用的伪类是超链接伪类如表 4.6 所示。

表 4.6　　　　　　　　　　　　　　　超链接伪类

伪　　类	示　　例	含　　义	应　用　场　景
a:link	a:link{color:#333}	未单击访问时的超链接样式	常用，超链接主样式
a:visited	a: visited{color:#999}	单击访问后的超链接样式	需区分是否已被访问
a:hover	a: hover {color:#ff7300}	鼠标悬浮其上的超链接样式	常用，实现动态效果
a:active	a: active {color:#999}	鼠标单击未释放的超链接样式	少用，一般与 link 一致

实例代码（代码位置:04\4-8.html）

```html
<html>
<head>
<title>选项卡容器</title>
<style type="text/css">
*{margin:0px; padding:0px;}
h3{text-align:center;}
#all{width:400px;    height:180px;
    margin:0px auto;    padding:10px;
    line-height:1.8em;    font-size:12px;
    background-color:#eee;    border:1px solid #000;}
a{text-decoration:none; position:relative;
  color:#00f; font-size:12px;}
.content{display:none;}
a:hover{cursor:hand;    background:#fff;}
a:hover .content,a#aa:link .content,a#aa:visited .content{
        color:#f00;    display:block;
        position:absolute;    top:25px;
        width:350px;    height:150px;
        text-decoration:none;    color:#000;
        background-color:#ffc;    border:1px dashed #fc6;}
a#bb:hover .content{left:-30px;}
a#cc:hover .content{left:-60px;}
a:active{color:#00f;}
a:visited{color:#00f;}
a#aa:link .content{left:0px;}
a#aa:visited .content{left:0px;}
</style>
</head>
<body>
<h3>门户网站</h3>
<div id="all">
<a href="#" id="aa">新闻
    <span class="content">这是新闻的内容 1<hr />
        这是新闻的内容 2<hr />    这是新闻的内容 3<hr />
    </span>
</a>
<a href="#" id="bb">讨论
    <span class="content">    这是讨论的内容 1<hr />
     这是讨论的内容 2<hr />    这是讨论的内容 3<hr />
    </span>
</a>
<a href="#" id="cc">留言
    <span class="content">    这是留言的内容 1<hr />
    这是留言的内容 2<hr />    这是留言的内容 3<hr />
    </span>
</a>
</div>
</p>
</body>
</html>
```

在浏览器中的预览效果如图 4.11 所示。

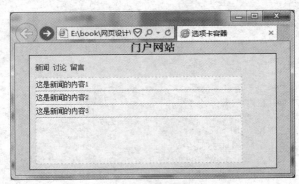

图 4.11　超链接伪类效果图

在实际应用中，可以利用 CSS 样式的继承特点，先定义四种状态统一的样式，然后再根据需要定义个别状态的样式，关键代码即为：

```
a{color:#333; }/*4 个伪类采用同一样式（含 link）*/
a:hover{color:#ff0;}/*再单独为鼠标悬浮定义特殊样式*/
/*如还有需要，则可以再写 a:visited 和 a:active*/
```

4.3.7　CSS 滤镜

CSS 的滤镜属性的选择器是 filter，须配合相应的滤镜名称及参数才能生效，其编写方法如下。

```
filter: 滤镜名称（滤镜参数）;
```

滤镜名称包括 alpha、blur、chroma 等，不同的滤镜可以产生不同的特效。滤镜参数用来控制该滤镜的表现程度。常用的滤镜效果如表 4.7 所示。

表 4.7　　　　　　　　　　　　　　　常用的滤镜

滤镜名称	描　　述	语　　法
alpha	设置透明度	{FILTER：ALPHA(opacity=opacity,finishopacity=finishopacity,style=style,startx=startx,starty=starty,finishx=finishx,finishy=finishy)}
blur	建立模糊效果	{filter:blur(add=add,direction=direction,strength=strength)}
chroma	把指定的颜色设置为透明	{filter:chroma(color=color)}
flipH	水平反转	{filter:filph}
flipV	垂直反转	{filter:filpv}
glow	为对象的外边界增加光效	{filter:glow(color=color,strength=strength)}
gray	将图片变成灰度图	{filter:gray}
invert	将色彩、饱和度以及亮度值完全反转建立底片效果	{filter:invert}
light	在一个对象上进行灯光投影	Filter{light}
mask	为一个对象建立透明膜	{filter:mask(color=color)}
shadow	建立一个对象的固体轮廓，即阴影效果	{filter:shadow(color=color,direction=direction)}
wave	在 X 轴和 Y 轴方向利用正弦波纹打乱图片	{filter:wave(add=add,freq=freq,lightstrength=strength,phase=phase,strength=strength)}
xray	只显示对象的轮廓	{filter:xray}

实例代码（代码位置:04\4-9.html）

```html
<html>
<head>
<title>滤镜综合实例</title>
<style type="text/css">
*{margin:0px;
  padding:0px;}
#all{width:660px;       height:520px;
    margin:0px auto;  padding:10px;}
#all div{width:220px;          height:170px;
        float:left;          text-align:center;
        border:1px solid #000;}
.a{filter:alpha(opacity=50);}
.b{filter:alpha(opacity=80 finishopacity=0 style=1);}
#c{filter:FlipH;}
#d{filter:FlipV;}
.e{filter:dropshadow(color=gray,offx=3,offy=2,positive=false);}
.f{filter:dropshadow(color=gray,offx=3,offy=2,positive=true);}
.g{filter:glow(color=yellow,strength=5);}
.h{filter:xray;}
.i{filter:chroma(color=black);}
.j{filter:gray;}
.k{filter:invert;}
.l{filter:wave(add=false,freq=3,lightstrength=20,phase=2,strength=10)}
</style>
</head>
<body>
<div id="all">
   <div class="a">
      <h4>整体透明度调整</h4>
      <img src="images/img2.jpg" />
   </div>
   <div class="b">
      <h4>透明度渐变（100～0）</h4>
      <img src="images/libai.jpg" />
   </div>
   <div>
      <h4>水平翻转（注意大小写）</h4>
      <img src="images/img2.jpg" id="c" />
   </div>
   <div>
      <h4>垂直翻转（注意大小写）</h4>
      <img src="images/img2.jpg" id="d" />
   </div>
   <div class="e">
      <h4>投影效果 1</h4>
      <img src="images/libai.jpg" />
   </div>
   <div class="f">
      <h4>投影效果 2</h4>
      <img src="images/libai.jpg" />
   </div>
   <div class="g">
```

```
      <h4>外发光效果 1</h4>
      <img src="images/libai.jpg" />
   </div>
   <div class="h">
      <h4>X 射线效果</h4>
      <img src="images/libai.jpg" />
   </div>
   <div class="i">
      <h4>去除对象中指定颜色</h4>
      <img src="images/libai.jpg" />
   </div>
   <div class="j">
      <h4>灰度</h4>
      <img src="images/libai.jpg" />
   </div>
   <div class="k">
      <h4>反相效果</h4>
      <img src="images/libai.jpg" />
   </div>
   <div class="l">
      <h4>波形扭曲</h4>
      <img src="images/libai.jpg" />
   </div>
</div>
</body>
</html>
```

在浏览器中的预览效果如图 4.12 所示。

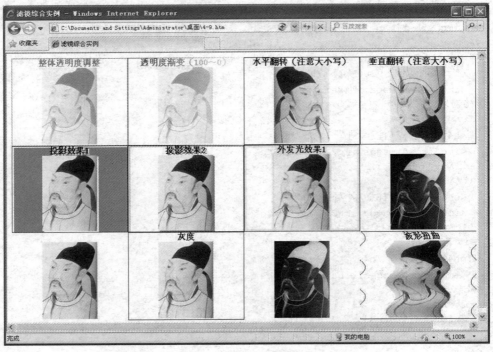

图 4.12 常用滤镜效果图

4.3.8　多选择器的常用符号及组合

通过前面的学习我们用到了各种 CSS 选择器相关的常用符号，并且可以相互组合，多选择器的常用符号及组合如表 4.8 所示。

表 4.8　　　　　　　　　　　　　　　　　多选择器的常用符号及组合

	符　　合	说　　明	示　　例	含　　义
基本符号		空格	div ul{list-style:none;}	\<div\>内的\<ul\>元素样式
	,	逗号	div,ul{text-align:center;}	\<div\>和\<ul\>元素采用相同样式
	#	id 标识符	#nav{width:100%;}	id 为 nav 的元素样式
	.	类标识符	.pic{background:url(bg.gif);}	类名为 pic 的元素样式
	:	冒号	a:hover{#ff0;}	\<a\>标签的 hover 伪类样式
组合符号	li .	标签+类	li.pic{width:28px;}	类名为 pic 的\<li\>标签样式
	div #	标签+id	div#nav{text-align:center;}	id 为 nav 的\<div\>标签样式
	# .	id+空格+类	#nav .pic{border:1px;}	id 为 nav 元素内的 pic 类样式
	# . ,	id+空格+类+逗号	#nav .pic,#nav .text{height:26px;}	id 为 nav 元素内的 pic 和 text 类都采用相同样式

4.4　实　践　指　导

4.4.1　实践训练技能点

1．会使用类选择器和 ID 选择器
2．会使用文本和字体样式美化网页
3．会使用背景样式美化网页
4．会使用伪类样式控制超链接样式

4.4.2　实践任务

任务 1　ID 选择器

使用 HTML 编辑工具，编写 HTML 代码，实现如图 4.13 所示的页面效果。

图 4.13　ID 选择器效果图

任务 2　背景设置，重复背景

使用 CSS 进行页面修饰，页面效果如图 4.14 所示。

图 4.14　背景属性设置效果图

任务 3　无序列表的修饰

使用 CSS 进行无序列表修饰，页面效果如图 4.15 所示。

图 4.15　列表修饰效果图

任务 4　超链接

使用 CSS 进行超链接样式设置，页面效果如图 4.16 所示。

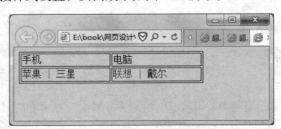

图 4.16　超链接样式效果图

小　　结

使用 CSS 可以实现 W3C 提倡的结构和样式分离的思想。

CSS 样式规则采用选择器、属性、属性值进行描述。

采用的选择器有三类。

- 标签选择器，直接用标签名方式定义
- 类选择器，先为标签设置属性 class="类别名"，后用.+类别名方式定义
- ID 选择器，先为标签设置属性 id="id 名"，后用#+类别名方式定义

样式的两大用途是页面元素修饰和布局，采用页面元素修饰的 CSS 属性包括以下几项。

- 文本属性
- 字体属性
- 背景属性
- 列表属性
- 滤镜属性

超链接伪类有以下几种。

- .a:link
- .a:hover
- .a:visited
- .a:active

拓展训练

1. 使用 CSS 进行页面修饰，实现如图 4.17 所示效果。

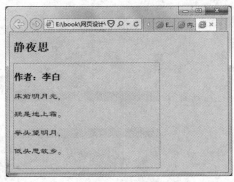

图 4.17　CSS 选择器效果图

2. 使用 CSS 进行列表修饰，实现如图 4.18 所示效果。

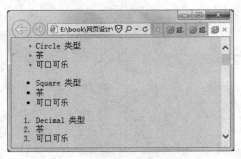

图 4.18　列表修饰效果图

3. 使用 CSS 进行页面超链接样式设置，实现如图 4.19 所示效果。

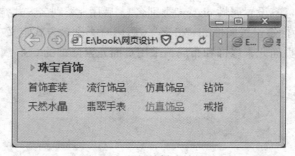

图 4.19　超链接样式效果图

第5章
CSS 样式表布局

学习目标

- 掌握盒子模型相关属性并实现页面布局
- 掌握样式表的引用方式及优先级
- 掌握常用的 DIV+CSS 布局方式

5.1　盒子模型及应用

5.1.1　盒子模型

盒子模型（BOX MODEL）是实现页面布局的基础，学习页面的布局必须了解盒子模型。盒子的概念在我们的生活并不陌生，例如礼品的包装盒，礼品是最终运输的物品，四周一般会添加用于抗震的填充材料，再外面是包装纸壳。CSS 中盒子模型的概念与此类似，CSS 将网页中所有元素都看成一个个盒子。它包括如下属性。如图 5.1 所示。

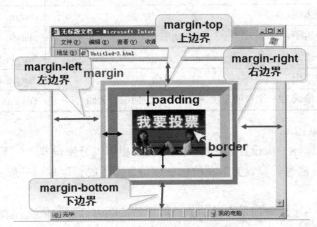

图 5.1　盒子模型及盒子属性

- 边框：对应包装盒的纸壳，它一般具有一定的厚度。
- 内边距：位于边框内部，是内容与边框的距离，对应包装盒的填充部分，有的教材也称其为"填充"。

● 外边距：位于边框外部，是边框外面周围的间隙，有的教材也称其为"边界"。

因为盒子是矩形结构，所以边框，内边距，外边距这些属性都分别对应上（top），下（Bottom），左（left），右（right）四个边，这四个边的设置可以不同，边框，内边距同理。除边框，内边距，外边距之外，还应包括元素内容本身，所以完整的盒子模型的结构图如图 5.2 所示。

由此可知对于某个页面元素来说，元素的实际占位尺寸＝元素尺寸＋填充＋边框；

元素实际占位高度＝height 属性＋上下填充高度＋上下边框高度；

元素实际占位宽度＝width 属性＋左右填充高度＋左右边框高度。

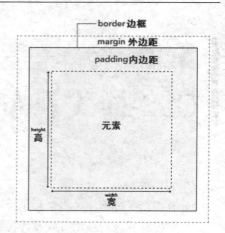

图 5.2　盒子模型的结构图

5.1.2　盒子属性

盒子模型中主要包括外边距，边框，内边距以及元素内容的宽高，前三个属性一般称为盒子属性，下面具体介绍。

1．margin 外边距设置

外边距位于盒子边框外，指与其他盒子之间的距离。外边距根据上，下，左右四个方向，可细分为上外边距，下外边距，左外边距，右外边距，具体属性如表 5.1 所示。

表 5.1　　　　　　　　　　　　　　　外边距的属性

属　　　性	含　　　义	举　　　例
margin-top	上外边距	margin-top:1px
margin-right	右外边距	margin-right:2px
margin-bottom	下外边距	margin-bottom:2px
margin-left	左外边距	margin-left:1px
margin	缩写形式,在一个声明中统一设置四个方向的外边距	1px,2px,3px,4px

需要注意以下几点：

可以使用 margin 属性一次设置四个方向的属性，也可以分别设置上，下，左，右四个方向的属性，后续属性同理。注意需要设为带单位的长度值，常用的长度单位一般是像素（px），后续属性同理。

可以使用 margin 一次设置四个方向的值，但必须按顺时针方向依次代表上，右，下，左四个方向的属性值，如省略则按上下，左右同值处理，这些规则同样使用与后续讲解的边框内边距，举例说明如下：

● margin:1px,2px,3px,4px，表示上外边距 1px,右外边距 2px,下外边距 3px,左外边距 4px。

● marin:1px,2px，等同于 1px,2px,1px,2px，表示上下外边距各为 1px,左右外边距各为 2Px

● margin :1px,等同于 1px,1px,1px,1px，表示四个方向都为 1Px

● 特殊设置：可以设置水平位 auto，

利用 margin 属性实现某个段落的缩进以及位置的居中，如图 5.3 所示。

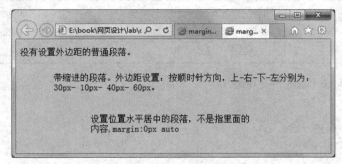

图 5.3　margin 属性效果图

实例代码（代码位置:05\5–1.html）

```
<html xmlns="http://www.w3.org/1999/xhtml">
<head>
<title>margin 外边距</title>
<style type="text/css">
  .margin {
    width:500px;
    margin:30px 10px 40px 60px
    }
  .automargin {
    width:300px;
    margin:0px auto
    }

</style>
</head>
<body>
<p>没有设置外边距的普通段落。</p>
<p class="margin">带缩进的段落。外边距设置：按顺时针方向，上-右-下-左分别为：30px- 10px- 40px-60px。</p>
<p class="automargin">设置位置水平居中的段落，不是指里面的内容,margin:0px auto</p>
</body>
</html>
```

2．border 边框的设置

边框的 CSS 样式设置不但影响到盒子的尺寸，还影响到盒子的外观。边框又分为边框颜色、边框宽度和边框样式三方面的属性。常用的属性列表如表 5.2 所示。

表 5.2　　　　　　　　　　　　　　　边框常用属性

CSS 属性	作　　用	值	举　　例
border	缩写形式	在一个声明中统一设置四个方向的边框属性	border:1px solid red
border-style	边框样式	none, solid, double, inset, outset,groove,dotted dashed	border-style:solid
border-width	边框宽度	度量，thick，medium，thin	border-width:2px
border-color	边框颜色	#RRGGBB，颜色名称	border-color:#ff00ff
border -top	上边框	度量或%	border –top:5px solid

续表

CSS 属性	作　用	值	举　例
border –right	右边框	度量或%	border –right:5px
border -bottom	下边框	度量或%	border –bottom:5px
border -left	左边框	度量或%	border –left:5px dotted

实例代码（代码位置:05\5-2.html）

```html
<html>
<head>
<title>边框样式设置</title>
<style type="text/css">
* { margin: 0px;}
#all{width:420px;       height:240px;
    margin:0px auto;        background-color:#ccc;}
#a,#b,#c,#d,#e{width:160px;            height:50px;
          text-align:center;             line-height:50px;
          background-color:#eee;}
#a{width:380px;    margin:5px;
   border:1px solid #333;}
#b{border:20px solid #333;   float:left;}
#c{margin:5px;
   border-left:2px solid #fff;   border-top:4px solid red;
   border-right:6px solid #333;   border-bottom:8px solid #333;
   float:left;}
#d{margin-left:5px;    border:2px dashed #000;
   float:left;}
#e{margin-left:5px;    border:2px dotted #000;
   float:left;}
</style>
</head>
<body>
<div id="all">
   <div id="a">a 盒子</div>
   <div id="b">b 盒子（solid 类型）</div>
   <div id="c">c 盒子（分别设置）</div>
   <div id="d">d 盒子（dashed 类型）</div>
   <div id="e">e 盒子（dotted 类型）</div>
</div>
</body>
</html>
```

在浏览器中的预览效果如图 5.4 所示。

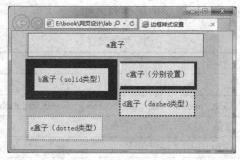

图 5.4　边框样式效果图

3．padding 内边距的设置

边框确定后，一般需设置边框与内容直接的距离，以便精确控制内容在盒子中的位置。内边距是不可见的盒子组成部分。采用的内边距属性如表 5.3 所示。

表 5.3　　　　　　　　　　　　　　内边距常用属性

CSS 属性	说　　明	值	举　　例
padding	缩写形式	统一设置四个方向的填充属性	padding:5px 10px 20px 40px 按顺时针方向填充
padding-top	设置内容与上边框之间的距离	度量或%	padding–top:5px
Padding-right	设置内容与右边框之间的距离	度量或%	padding–right:5px
padding-bottom	设置内容与下边框之间的距离	度量或%	padding–bottom:5px
padding-left	设置内容与左边框之间的距离	度量或%	padding–left:5px

实例代码（代码位置:05\5-3.html）

```
<html>
<head>
<title>内边距的设置</title>
<style type="text/css">
* { margin: 0px;}
#all{width:360px;    height:260px;
    margin:0px auto;        padding:25px;
    background-color:#ccc;}
#a,#b,#c,#d{width:160px;        height:50px;
            border:1px solid #000;
            background-color:#eee;}
p{width:80px; height:30px;
  padding-top:15px; background-color:red;}
#a{padding-left:30px;}
#b{padding-top:30px;}
#c{padding-right:30px;}
#d{padding-bottom:30px;}
</style>
</head>
<body>
<div id="all">
    <div id="a">      <p>a 盒子</p>   </div>
    <div id="b">      <p>b 盒子</p>   </div>
    <div id="c">      <p>c 盒子</p>   </div>
    <div id="d">      <p>d 盒子</p>   </div>
</div>
</body>
</html>
```

在浏览器中的预览效果如图 5.5 所示。

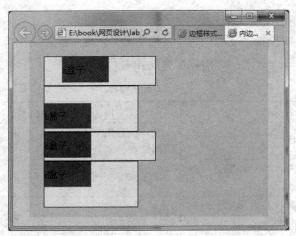

图 5.5　填充样式效果图

5.2　DIV+CSS 布局

W3C 提倡结构和样式分离的思想，所以一般采用的页面布局思路是：先对页面进行版块划分并使用 XHTML 描述内容结构，然后使用 CSS 样式描述各版块的位置、尺寸等样式。CSS 中，将各版块看作一个个盒子，利用盒子属性描述各版块的尺寸、外边距、内边距等样式，而位置方面一般由浏览器自动控制。各版块采用表示"块"、"分区"含义的<div>标签进行描述，即采用 DIV+CSS 布局。

5.2.1　div 元素的样式设置

使用 CSS 可以灵活设置 div 元素的样式。Width 属性用于设置其宽度，height 属性设置其高度。一般用像素（px）作为固定尺寸的单位。单位为百分比时，div 元素的宽度和高度为自适应状态，宽度、高度随浏览器窗口尺寸而变化。

实例代码（代码位置:05\5-4.html）

```html
<html>
<head>
<title>设置div样式</title>
<style type="text/css">
html,body{height:100%; }
#first {
    background-color: #eee;
    border:1px solid #000;
    width:300px;  height:200px;
}
#second {
    background-color: #eee;
    border:1px solid #000;
    width:50%;     height:25%;
}
</style></head>
<body>
```

```
<div id="first">这是固定尺寸的宽度和高度</div>
<hr />
<div id="second">这是自适应尺寸的宽度和高度</div>
</body>
</html>
```

如图 5.6 所示，第二个 div 高度仅和文本高度相当，高度设置没有起作用。原因是 Div 的高度自适应相对于父容器的高度。如果没有参照物，自适应无法生效。所以在此例中设置 body 和 html 的高度，以解决 div 的高度自适应问题，如图 5.7 所示。

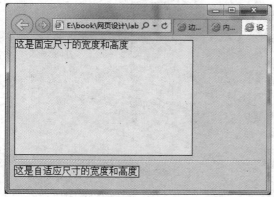

图 5.6 div 样式效果图

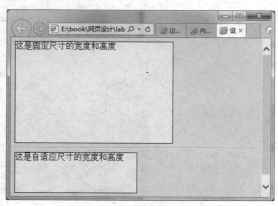

图 5.7 div 样式效果图

5.2.2 布局页面设置

由于浏览器显示的分辨率不同，浏览者常见显示分辨率为 1024*768、1280*1024 等。所以在布局页面时，要充分考虑页面内容的布局宽度，超宽会出现水平滚动条，用户体验会下降。一般页面布局宽度最大不超过 1000 像素。

为了适应不同浏览用户的分辨率，网页设计师要始终保证页面整体内容在页面居中。适应表格布局时只需设置表格的 align 属性为 center 即可。而 div 则需要通过 CSS 控制其位置。常用的方法是用 CSS 设置 div 的左右边距，当将值设为 auto 时，左右边距相等，达到水平居中的效果。

```
margin-left:auto;margin-right:auto
```

或简化为使用 margin 属性

```
margin:0px auto;
```

另外，在布局前要把页面的默认边距清除，常结合通配符*使用。

```
* { margin: 0px;padding: 0px;}
```

实例代码（代码位置:05\5-5.html）

```
<http>
<html xmlns="http://www.w3.org/1999/xhtml">
<head>
<title>设置 div 水平居中</title>
<style type="text/css">
*{margin:0px;  padding:0px;  }
#all{width:75%;    height:200px;
    background-color:#eee;
    border:1px solid #000;
    margin:0px auto;
```

```
        }
</style></head>
<body>
<div id="all">布局页面内容</div>
</body>
</html>
```

在浏览器中的预览效果如图 5.8 所示。

图 5.8   布局效果图

5.2.3   div 元素的嵌套

如果需要使用类似表格布局页面，则需要使用 div 嵌套。但是多种嵌套会影响浏览器对代码的解析速度。

实例代码（代码位置:05\5–6.html）

```
<html>
<head>
<title>div 嵌套</title>
<style type="text/css">
*{margin:0px;  padding:0px;  }
#all{width:400px;    height:300px;
     background-color:#600;      margin:0px auto;
     }
#one{width:300px;    height:120px;
     background-color:#eee;      border:1px solid #000;
     margin:0px auto;
     }
#two{width:300px;       height:120px;
      background-color:#eee;      border:1px solid #000;
      margin:0px auto;
      }
</style></head>
<body>
<div id="all">
  <div id="one">顶部</div>
  <div id="two">底部</div>
</div>
```

```
</body>
</html>
```

在浏览器中的预览效果如图 5.9 所示。

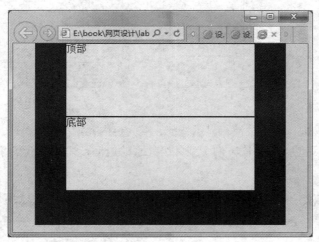

图 5.9　div 嵌套效果图

5.2.4　div 元素的浮动

常用 float 属性可以让 div 浮动，布局中可以使两块并列显示。float 属性的值有 left、right、none 和 inherit。很多对象都有 inherit 继承属性，表示继承父容器的属性。

实例代码（代码位置:05\5-7.html ）

```
<html>
<head>
<title>设置 div 浮动</title>
<style type="text/css">
*{margin:0px;  padding:0px;  }
#one{width:125px;     height:120px;
    background-color:#eee;    border:1px solid #000;
    float:right;
    }
#two{width:200px;       height:120px;
    background-color:#eee;
    border:1px solid #000;
    float:left;
    }
</style></head>
<body>
<div id="one">第 1 个 div</div>
<div id="two">第 2 个 div</div>
</body>
</html>
```

在浏览器中的预览效果如图 5.10 所示。由于具备"浮动"效果所以可以将两个 div 合并，如图 5.11 所示。

浮动属性是 CSS 布局的最佳利器，可以通过不同的浮动属性值灵活地定位 div 元素，以达到灵活布局网页的目的。浮动的三大显著特征：

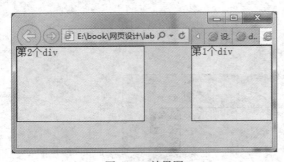 

图 5.10　效果图　　　　　　　　　　　图 5.11　效果图

（1）div 块元素失去"块状"换行显示特征，变为行内元素。

（2）紧贴上一个浮动元素（同方向）或父级元素的边框，如宽度不够将换行显示，如图 5.12 所示。

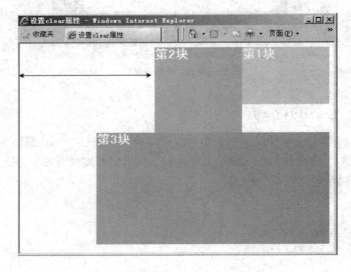

图 5.12　浮动效果图

（3）占据行内元素的空间，导致行内元素围绕显示，如图 5.13 所示。

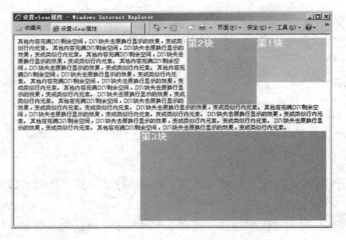

图 5.13　浮动效果图

为了更加灵活地定位 div 元素，CSS 提供了 clear 属性。clear 属性的值有 left、right、none 和 both，默认值为 none。如图 5.13 所示，第 3 块希望"强制"换行即可以设置 clear 属性。

clear 作用：如果前一个元素存在左浮动或右浮动，则换行以区隔；只对块级元素有效。

实例代码（代码位置:05\5-8.html）

```html
<html>
<head>
<title>设置 clear 属性</title>
<style type="text/css">
  div{color:#fff;font:bold 22px 黑体;}
  #div1{width:150px;height:100px;background:#ccc;float:right;}
  #div2{width:150px;height:150px;background:#33FF33; float:right;}
  #div3{width:400px;height:200px;background:#3cc;clear:both;}
                                      /*可以分别用 clear:right、left 看效果*/
</style>
</head>
<body>
<div id="div1">第 1 块</div>
<div id="div2">第 2 块</div>
<div id="div3">第 3 块</div>
</body>
</html>
```

在浏览器中的预览效果如图 5.14 所示。

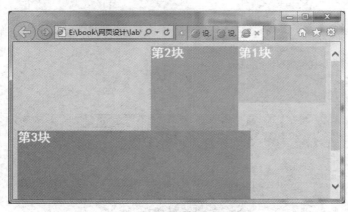

图 5.14   效果图

5.2.5   典型的 DIV+CSS 布局

典型的网页布局，要求有上下 4 行区域，分别用做广告区、导航区、主体区和版权信息去。主体区又分为左右 2 个大区，左区域用于文章列表；右区域用于 8 个主体内容区。在浏览器中的预览效果如图 5.15 所示。

实例代码（代码位置:05\5-9.html）

```html
<html xmlns="http://www.w3.org/1999/xhtml">
<head>
<meta http-equiv="Content-Type" content="text/html; charset=gb2312" />
<title>网页布局实例</title>
<style type="text/css">
```

```
* {margin:0px;  padding:0px; }
#top,#nav,#mid,#footer{width:500px;  margin:0px auto;}
#top{height:80px; background-color:#ddd;}
#nav{height:25px; background-color:#fc0;}
#mid{height:300px;}
#left{width:98px;     height:298px;
    border:1px solid #999;     float:left;
   background-color:#ddd;}
#right{height:298px;        background-color:#ccc;}
.content{width:196px;         height:148px;
      background-color:#c00;          border:1px solid #999;
      float:left;}
#content2{background-color:#f60;}
#footer{height:80px;    background-color:#fc0;}
</style></head>

<body>
<div id="top">顶部广告区</div>
<div id="nav">导航区</div>
<div id="mid">
  <div id="left">纵向导航区</div>
  <div id="right">
    <div class="content">内容 A</div>
    <div class="content" id="content2">内容 B</div>
    <div class="content" id="content2">内容 C</div>
    <div class="content" >内容 D</div>
  </div>
</div>
<div id="footer">底部版权区</div>
</body>
</html>
```

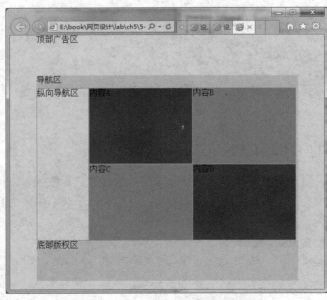

图 5.15　典型网页布局效果图

5.3　应 用 样 式

5.3.1　三种应用方式

前面的 CSS 样式代码，几乎都是在同文件的<head>标签中加入 CSS 代码，即内部样式表，但这并非是唯一方法，在 CSS 中，应用样式有三类方式：内部样式表，外部样式表及行内样式。

1. 内部样式表

正如之前所有的示例一样，我们把 CSS 代码写在<head>的<style>标签中，与 HTML 内容位于同一文件 ，这就是内部样式表，这种方式方便在同页面中修改样式，但不利于在多页面间共享复用代码及维护，对内容与样式的分离也不够彻底，实际开发时，会在页面开发结束后，将这些样式代码剪切到单独的 CSS 文件中，将样式和内容彻底分离开，即下面介绍外部样式表。

2. 外部样式表

把 CSS 代码单独写在另外一个或多个 CSS 文件中，需要用时在<head>中通过<link/>标签引用，这种方式就是应用外部样式表文件的方式，它的好处是实现了样式和结构的彻底分离，同时方便网站的其他页面复用该样式，利于保持网站的统一样式和网站维护。其语法如下：

```
<link rel = "stylesheet" type="text/css" href="css 文件地址"/>
```

以实例 5-1 作例子，讲解如何转为外部样式表文件的方式。

- 新建一个文本文件，并把文件名修改为 test.css.
- 把实例 5-1 中<style>标签中间的所有代码，剪切到 test.css 中。
- 删除实例 5-1 中的<style></style>标签,在<head>标签中加入一行<link/>标签语句,并把 href 文件的地址属性设置为第一步另存为的"test.css",

```
<link rel="stylesheet" href="test.css" type="text/css"  />
```

实例代码（代码位置:05\5-10.html）

```
<html xmlns="http://www.w3.org/1999/xhtml">
<head>
<title>margin 外边距</title>
 <link rel="stylesheet" href="test.css" type="text/css"  />
</head>

<body>

<p>没有设置外边距的普通段落。</p>
<p class="margin">带缩进的段落。外边距设置：按顺时针方向，上-右-下-左分别为：30px- 10px- 40px-60px。</p>
<p class="automargin">设置位置水平居中的段落，不是指里面的内容,margin:0px auto</p>

</body>
</html>
```

在浏览器中的预览效果如图 5.16 所示。

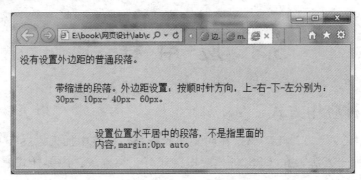

图 5.16　效果图

如果其他文件想用这个效果，只需要在页面<head>标签中间都加上<link/>标签语句，而且对于 test.css 文件的任何修改，将在所有引用页面中生效。

实例代码（代码位置:05\5−11.html）

```html
<html xmlns="http://www.w3.org/1999/xhtml">
<head>
<title>margin 外边距</title>
 <link rel="stylesheet" href="test.css" type="text/css"  />
</head>

<body>
<p>没有设置外边距的普通段落。</p>
<p class="margin">样式和内容彻底分离</p>
<p class="automargin">个网页可共享同一 CSS</p>
</body>

</html>
```

在浏览器中的预览效果如图 5.17 所示。

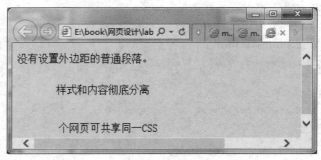

图 5.17　效果图

因为外部样式表文件方式的优点众多，因此被广泛应用。以后的实例中，都将采用此方式。

3.　行内样式

某些情况下，我们需要对特定某个标签进行单独设置，最直观的方法就是在标签的属性内直接设置。其用法是在所需修饰的标签内加 style 属性，后续为多条样式规则，多条样式规则用分号区分开：

```
style="color:red;font-size:10px;"
```

实例代码（代码位置:05\5-12.html）

```
<html xmlns="http://www.w3.org/1999/xhtml">
<head>
<title>margin 外边距</title>
 <link rel="stylesheet" href="test.css" type="text/css"  />
</head>

<body>
<p>没有设置外边距的普通段落。</p>
<p class="margin">样式和内容彻底分离</p>
<p class="automargin">各网页可共享同一 CSS</p>
<p style="color:red;font-size:10px;">行内样式，单独定义某个元素的样式，灵活方便</p>
</body>

</html>
```

在浏览器中的预览效果如图 5.18 所示。

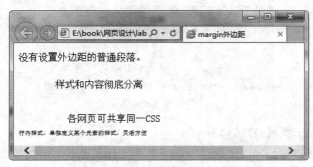

图 5.18　效果图

这种方法虽然直观，但却应尽量少用或不用，因为内容与样式混写在一起，失去了 CSS 的最大优点。可以用外部样式表文件的方式来代替。

5.3.2　样式优先级

CSS 的全称为"层叠样式表"，因此，对于页面中的某个元素，它允许同时应用多类样式（即叠加），页面元素最终的样式即为多类样式的叠加效果，但这存在一个问题：当同时应用上述的三类样式时，页面元素将同时继承这些样式，但样式之间如有冲突，应继承哪种样式？即存在样式优先级的问题。同理，从选择角度，当某个元素同时应用标签选择器，ID 选择器、类选择器定义的样式时，也存在样式优先级的问题。CSS 中规定的优先级规则为：

● 行内样式表>内部样式表>外部样式表

行内样式表>内部样式表>外部样式表，即"就近原则"。

实例代码（代码位置:05\5-13.html）

```
<html    xmlns="http://www.w3.org/1999/xhtml">
<head>
 <meta http-equiv="Content-Type" content="text/html; charset=utf-8"  />
 <title>样式优先级</title>
     <style>
  .nav ul li a:link{color:blue;}
</style>
```

```
     <link rel="stylesheet" href="css/layout.css" type="text/css"  />

</head>
<body>
<div class="nav">
  <ul>
    <li><a href=""#">家用电器</a></li>
    <li><a href=""#">手机数码</a></li>
    <li><a href=""#" style="color:red;font-size:10px;">日用百货</a></li>
  </ul>
</div>   <!--nav end-->
</body>
</html>
```

本例的"日用百货",同时应用了外部样式表,内部样式表和行内样式表,这三类样式在字体颜色（color）,字号（font-size）方面定义的规则有冲突,因为行内样式离被修饰对象<a>最近,所以最终的样式以行内样式定义的为准,最终的样式效果如图 5.19 所示。

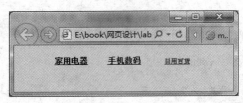

图 5.19　效果图

● ID 选择器>类选择器>标签选择器

如果<div>元素,同时用了 ID 选择器(#nav_id),类选择器（.nav）,标签选择器（div）,仔细比较各类选择器定义的样式规则,发现背景色定义有冲突,所以最终的背景色以 ID 选择器定义的#CCC（灰色）为准,而对于其他不冲突的样式规则,则将全部应用到被修饰对象<div>标签上,最终的样式效果如图 5.20 所示。

实例代码（代码位置:05\5-14.html）

```
<html>
<head>
<title>同级元素的优先级: id>class>标签</title>
<style>
  #nav_id{width:300px;
    background:#ccc;}
  .nav{height:100px;
    background:red;}
  div{border:5px solid green;
    background:blue;}
</style>
</head>
<body>
<div class="nav" id="nav_id">
  <ul>
    <li><a href="#">购物车</a></li>
  </ul>
</div>
</body>
</html>
```

在浏览器中的预览效果如图 5.20 所示。

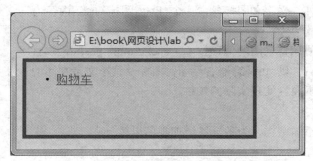

图 5.20　效果图

5.4　典型的局部布局

到目前为止，CCS 方面已学习了样式的基本语法，三类样式的应用方式及优先级，常用的 CSS 页面修饰，盒模型以及使用 DIV+CSS 实现页面布局。通过对这些技能的综合应用，我们可以实现页面的整体布局，类似于报纸的排版，目前我们只完成了版面的整体规划，但各版块内部的具体结构，特别是对于某些复杂的版块，还需进一步规划，即局部布局，下面将介绍如何使用 DIV+CSS 实现页面的局部布局。典型的局部结构曾在第一章就提及。

- div-ul(ol)-li:常用于分类导航或菜单等场合
- div-dl-dt-dd:常用于图文混编场合。
- table-tr-td:常用于规整数据的显示场合
- form-table-tr-td：常用于表单布局的场合。

其中前两类比较常用，也相对复杂，后两者的样式美化比较简单。

5.4.1　div-ul-li 局部布局

假定要实现小众商城网站首页顶部（header）中的导航菜单局部效果，如图 5.21 所示，页面效果要求如下。

- 整个导航菜单横向排列，向右靠齐；
- 菜单文字和图标有一定的空白间隙；
- 菜单文字在菜单项中居中对齐。

图 5.21　div-ul-li 实现顶部菜单

对 HTML 内容结构分析如下。

- 多项菜单并列显示，且不存在父子或包含关系，从语义角度应采用 div-ul-li 实现。

- 图标和文字要求有一定的间隙，图标仅为修饰作用，从语义角度应将图标作为背景修饰而不是内容，另外，文字和图标各占一个\<li\>（图标的\<li\>内容为空，方便设置间隙。

对 CSS 样式修饰分析如下。

- 多个小图标，使用背景图的偏移技术（background-position 属性）。
- 浮动：整体居右，则\<div\>容器右浮动，图标及菜单文字左浮动。
- 调整宽高及边框属性实现实际的效果。

实现步骤：

（1）先建立标签组织结构，为各标签增加类名以区分。

```
<div class="top_menu">
<ul>
  <li class="pic"></li><li class="text">购物车</li>
  <li class="pic"></li><li class="text">帮助中心</li>
  <li class="pic"></li><li class="text">加入收藏</li>
  <li class="pic"></li><li class="text">设为首页</li>
  <li class="btn">登录</li>
  <li class="btn">注册</li>
 </ul>
</div>
```

（2）为各菜单添加超链接。

（3）设置 CSS 样式代码。

- 容器设置右浮动，\<li\>左浮动，并取消列表样式。

```
.top_menu{float:right;}
.top_menu ul {list-style:none;}
.top_menu ul li{float:left;}
```

- 根据图确定布局各块大小，统一高度为 26px，小图标宽 28px，登录注册宽度 38px。

```
pic1{width:28px;height:26px;background:url(images/bg.gif)no-repeat:}
pic2{width:28px;height:26px;background:url(../images/icon.gif)no-repeat-28px 0px;}
......
.btn{width:38px;height:26px;background:url(images/bg.gif)no-repeat;}
```

- 调整背景偏移量，实现小图标正常显示。
- 设置文字大小及菜单文字间填充，菜单文字居中对齐方式，左右填充 5px。

```
.top_menu ul li a {font:12px/26px 宋体;}
.text{padding:0px 5px;text-align:center;}
.bth{padding:0 px 5px;text-align:center;}
```

理清思路后，完成相应的 HTML 文件和 CSS 文件。

实例代码（代码位置:05\5-15.html）

```
<html>
<head>
<title>小众顶部菜单</title>
 <link rel="stylesheet"  type="text/css"  href="css/5-15.css"  />
</head>
<body>
<div class="top_menu">
  <ul>
    <li class="pic1"></li>
    <li class="text"><a href="#">购物车</a></li>
```

```
    <li class="pic2"></li>
    <li class="text"><a href="#">帮助中心</a></li>
    <li class="pic3"></li>
    <li class="text"><a href="#">加入收藏</a></li>
    <li class="pic4"></li>
    <li class="text"><a href="#">设为首页</a></li>
    <li class="btn"><a href="#">登录</a></li>
    <li class="btn"><a href="#">注册</a></li>
  </ul>
</div>
</body>
</html>
```

实例代码（代码位置:05\css\5-15.css）

```
/*逐一定义顶部菜单中的浮动、列表样式，选择器采用区域性的写法，增加代码可读性*/
.top_menu{float:righe;}
.top_menu ul{list-style:none;}
.top_menu li{float:left;}
/*定义顶部菜单中的链接样式，代码可以进一步优化*/
.top_menu ul li a{font:12px/26px 宋体;}
.top_menu ul li a:link {color:#333333;text-decoration:none;}
.top_menu ul li a:visited{color:#333333;text-decoration:none;}
.top_menu ul li a:active {color:#333333;text-decoration:none;}
.top_menu ul li a:hover {color:#ff7300;}
/*定义链接各菜单项的具体样式，代码缩进表示隶属关系，增加代码可读性*/
.pic1{width:28px;height:26px;background:url(../images/icon.gif)no-repeat;}
.pic2{width:28px;height:26px;background:url(../images/icon.gif)no-repeat-28px
0px;}
.pic3{width:28px;height:26px;background:url(../images/icon.gif)no-repeat-84px
0px;}
.pic4{width:28px;height:26px;background:url(../images/icon.gif)no-repeat-112px
0px;}
.text{padding:0px 5px;text-align:center;}
.btn{padding:0px 5px;text-align:center;}
Width:38px;height:26px;background:url(../images/icon.gif)no-repeat-0px-25px;}
```

我们可以从上面实例代码中很明显地看到很多相似的样式代码，例如，前 4 个图标的样式修饰 pic1 至 pic4，除了偏移量以外，其他完全一致。我们可以把这些共同特征单独提取出来作为一个类，例如 pic，然后再具体设置其他图标的独特样式，这样可以提高代码的复用性并方便维护。

对应的 CSS 代码修改为：

```
/*pic 类样式，用于定义各图标共性的样式*/
.pic{width:28px;height:26px;background:url(../images/icon.gif) no-repeat;}
/*定义各图标独特的样式，第一个图标无偏移，不需定义 pic1 的独特样式;}*/
.pic2{ background-position:-28px 0px;}
.pic3{ background-position:-84px 0px;}
.pic4{ background-position:-112px 0px;}
```

在应用样式时，需要同时应用两种类样式，对应的 HTML 代码修改为：

```
<li class="pic pic1"></li>
<li class="pic pic2"></li>
<li class="pic pic3"></li>
<li class="pic pic4"></li>
```

其中"pic pic1"表示同时应用两个类样式，注意中间用空格隔开。

而"登录"和"注册"图标也类似，只是宽度不一样，修改思路同前 4 个图标，对应的 CSS 代码修改：

```
.bth {width:38px; background-position:0px 25px;}
```

对应的 HTML 代码修改：

```
<li class="pic bth">登录</li>
<li class="pic bth">注册</li>
```

而重复的超链接及其伪类的 6 行代码则合并为两行：

```
.top_menu ul li a{font:12px/26px 宋体;color:#333333;text-decoration:none;}
.top_menu ul li a:hover{color:#ff7300;}
```

实例代码（代码位置:05\5-16.html）

```
<html    xmlns="http://www.w3.org/1999/xhtml">
<head>
 <meta http-equiv="Content-Type" content="text/html; charset=utf-8"   />
 <title>小众商城</title>
 <link rel="stylesheet"   type="text/css"   href="css/5-16.css"   />
</head>
<body>
<div class="top_menu">
  <ul>
    <li class="pic pic1"></li>
    <li class="text"><a href="#">购物车</a></li>
    <li class="pic pic2"></li>
    <li class="text"><a href="#">帮助中心</a></li>
    <li class="pic pic3"></li>
    <li class="text"><a href="#">加入收藏</a></li>
    <li class="pic pic4"></li>
    <li class="text"><a href="#">设为首页</a></li>
    <li class="pic btn text"><a href="#">登录</a></li>
    <li class="pic btn text"><a href="#">注册</a></li>

  </ul>
</div>
 </body>
</html>
```

实例代码（代码位置:05\css\5-16.css）

```
.top_menu {float:right;}
.top_menu ul {list-style:none;}
.top_menu ul li { float:left;}
.top_menu ul li a {font:12px/26px 宋体; color:#333333;text-decoration:none;}
.top_menu ul li a: hover {color:#ff7300;}
 .pic{width:28px;height:26px;background:url(../images/icon.gif)no-repeat;}
.pic2{background-position:-28px 0px;}
.pic3{background-position:-84px 0px;}
.pic4{background-position:-112px 0px;}
.text{padding:0px 5px;text-align:center;}
.bth{width:38px; background-position:0px -25px;}
```

5.4.2　div–dl–dt–dd 局部布局

对于网上常见的图文混编结构，如图 5.22 所示，图片和文字显然存在父子或包含关系，文字显然是对商品图片的具体说明，即可以把图片看作"标题"，将后续的多行文字看作"具体的描述"。因此，从语义化的角度，应采用 div-dl-dt-dd 结构进行描述。类似的结构还有带多层次的二级或三级菜单等，如图 5.23 所示。

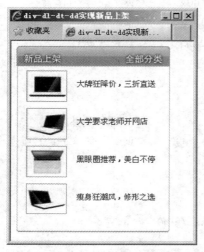

图 5.22　图文混编效果图

图 5.23　图文混编规划图

对 HTML 内容结构分析如下。

● 本例的图文混编结构，图片和文字关系密切，采用 div-dl-dt-dd 结构描述。

● 每行的图文结构都对应一个 dl-dt-dd 结构，易于扩展。

● 根据图片和文字的关系，本例<dt>放图片，<dd>放文字，<dl>作为结构容器。

对 CSS 样式修饰分析如下。

● 浮动：<dd>内的文字和<dt>内的图片排列在同一行，所以应设置<dt>左浮动。

● 调整<dd>宽高与行高实现文字垂直居中，用盒子属性修饰出实际效果。

实现步骤如下。

（1）编写 HTML 内容结构，即每行一个<dl>,各行又包括左图<dt>和右文<dd>。

```
<div id="right">
<dl>
<dt><img src="images/shou1.jpg"alt="alt"/></dt>
<dd><a href="#">大牌狂降价，三折直送</a></dd>
</dl>
<dl>
<dt><img src="images/shou2.jpg"alt="alt"/></dt>
<dd><a href="#">大学要求老师开网店</a></dd>
</dl>
<dl>
<dt><img src="images/shou5.jpg"alt="alt"/></dt>
<dd><a href="#">黑眼圈推荐，美白不停</a></dd>
</dl>
<dl>
```

```
<dt><img src="images/shou4.jpg"alt="alt"/></dt>
<dd><a href="#">瘦身狂潮风，修形之选</a></dd>
</dl>
</div>
```

（2）编写 CSS，参考图 5.23 规划\<div\>块（#right）的宽高以及\<dt\>的浮动，并且设置\<dt\>的高度和\<dd\>的行高一致，以实现单行文字的垂直居中。

```
#right{width:250px;height:270px;padding-top:32px;}      /*div 块的宽高及填充*/
#right dl dt{float:left; width:80px;height:60px;}        /*设置 dt 浮动和宽高*/
#right dl dd{ width:190px;line-height:60px;}             /*设置 dd 浮动、宽度和行高*/
```

为左边图片设置宽高并修饰边框，图片水平及垂直居中，文字垂直居中。

```
#right dl dt{text-align:center;padding:2px 0px;}         /*文字居中对齐，上下少量填充*/
#right dl dt img{
width:60px;
height:47px;
border:1px solid #9ea0a2;                                /*设置图片的外边框*/
   vertical-align:middle;                                /*设置图片和文字垂直方向居中对齐*/
}
```

实例代码（代码位置:05\5-17.html）

```html
<html>
<head>
 <meta http-equiv="Content-Type" content="text/html; charset=utf-8"   />
 <title>div-dl-dt-dd实现新品上架</title>
 <link rel="stylesheet"   type="text/css"   href="css/layout.css" />
</head>
<body>
<div id="right">
  <dl>
    <dt><img src="images/show1.jpg" alt="alt" /></dt>
    <dd><a href="#">大牌狂降价，三折直送</a></dd>
  </dl>
  <dl>
    <dt><img src="images/show2.jpg" alt="alt" /></dt>
    <dd><a href="#">大学要求老师开网店</a></dd>
  </dl>
  <dl>
    <dt><img src="images/show5.jpg" alt="alt" /></dt>
    <dd><a href="#">黑眼圈推荐，美白不停</a></dd>
  </dl>
  <dl>
    <dt><img src="images/show4.jpg" alt="alt" /></dt>
    <dd><a href="#">瘦身狂潮风，修形之选</a></dd>
  </dl>

</div> <!--right end-->
</body>
</html>
```

实例代码（代码位置:05\css\5-17.css）

```css
#right{width:250px;height:270px;padding-top:32px;
  background:url(../images/bg.gif) no-repeat;}
 #right dl dt{float:left;margin:0px;width:90px;padding:2px 0px;text-align:center;}
```

```
#right dl dt img{border:1px solid #9ea0a2;width:60px;height:47px;vertical-align:
middle;}
    #right dl dd a{font:12px/47px 宋体;color:#333;text-decoration: none;}
    #right dl dd a:hover{color:#ff7300;}
```

5.5　实　践　指　导

5.5.1　实践训练技能点

1. 会使用盒子模型。
2. 使用 div+css 进行页面布局
3. 使用 div-ul-li 实现局部布局
4. 使用 div-dl-dt-dd 实现图文混编

5.5.2　实践任务

任务 1　表格填充和边框

使用 HTML 编辑工具，编写代码，实现如图 5.24 所示的页面效果。

任务 2　利用浮动实现水平菜单

使用 HTML 编辑工具，编写代码，实现如图 5.25 所示的页面效果。

图 5.24　表格填充和边框

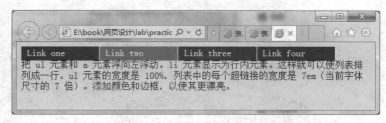

图 5.25　利用浮动实现水平菜单

任务 3　使用方框属性实现图片按钮

使用 HTML 编辑工具，编写代码，实现如图 5.26 所示的页面效果。

图 5.26　使用方框属性实现图片按钮菜单

任务 4　外部样式的综合应用

使用 HTML 编辑工具，编写代码，实现如图 5.27 所示的页面效果。

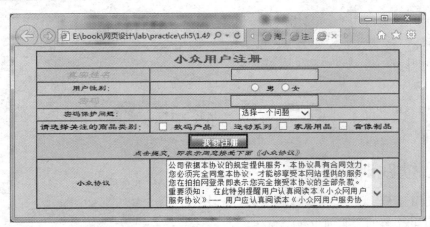

图 5.27　表单样式效果图

任务 5　使用 DIV+CSS 实现页面的整体布局

使用 HTML 编辑工具，编写代码，实现如图 5.28 所示的页面效果。

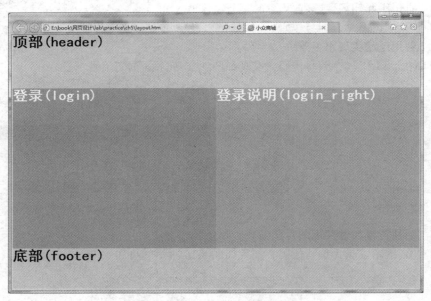

图 5.28　div+css 布局效果图

小　　结

盒子模型是页面布局的基础，包括外边距、边框和内边距以及元素的宽高度等属性。
盒子具有的属性如下。
- border 边框：盒子外壳本身的宽度
- margin 外边距：内容与边框间的距离

- padding 内边距: 盒子与其他盒子之间的距离

DIV+CSS 布局思路如下。

- 采用语义化的<div>标签组织 XHTML 结构
- 使用 CSS 中的盒子模型描述宽、高、内边距等 CSS 样式

float 浮动通常用于让块级元素横向紧挨排列或实现特殊排列,而非独占一行。

Clear 清除,一般紧跟在 float 元素之后,用换行方式区隔开浮动元素。

样式有三种应用方式:外部样式,内部样式,行内样式,其中外部样式实现了内容和样式的彻底分离,是主流的应用方式。各类样式的优先级如下。

- 行内样式>内部样式>外部样式
- ID 选择器>类选择器>标签选择器

典型的局部结构包括如下几种。

- .div-ul(ol)-li:常用于分类导航或菜单等场合
- .div-dl-dt-dd:常用于图文混编场合
- .table-tr-td:常用于规整数据的显示场合
- .form-table-tr-td:常用于表单布局的场合

拓展训练

1. 使用 CSS 的方框属性设计并实现如图 5.29 的立体方框效果。
2. 使用 CSS 对表格和表单页面进行美化,页面效果如图 5.30 所示。

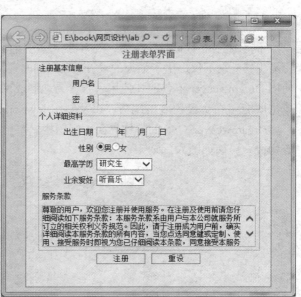

图 5.29 立体方框效果   图 5.30 表单页面美化

第6章
使用 Dreamweaver 制作网页

学习目标
- 使用 Dreamweaver 实现图文混编
- 使用 Dreamweaver 实现表格
- 使用 Dreamweaver 实现表单
- 使用 Dreamweaver 实现框架
- 使用 Dreamweaver 工具实现样式表

6.1　Dreamweaver 基础

6.1.1　Dreamweaver 界面

　　手写 HTML 代码，速度慢，效率低，易出错，而使用 Dreamweaver 能提高速度和效率，还不容易出错。它不仅提供了强大的设计功能，同时还提供了自动代码提示功能。在实际设计网站中，使用 Dreamweaver 不仅能让使用者很容易地制成网页的基本 HTML 代码，还能让使用者只靠鼠标单击即能完成动态 CSS 的编写，以及制作 Javascript 程序才能完成的动态文档。

　　Dreamweaver CS5 的整体界面由标题栏、菜单栏、工具栏、文档窗口、属性面板、浮动面板等构成。界面如图 6.1 所示。

图 6.1　Dreamweaver 整体界面

菜单栏：可查看全部菜单内容并使用。

文档窗口：显示现在工作的文档窗口。

属性面板：在改变选择的对象属性或者修改属性时使用，按对象类型的不同显示不同的属性。

浮动面板：将扩展和网页管理等功能与其他相关功能整合在一起的面板。

在文档窗口中单击"设计"按钮，可进行可视化的设计操作，如图 6.2 所示。

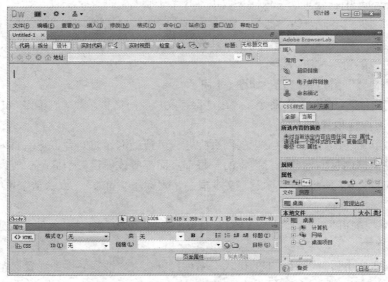

图 6.2 设计视图

图 6.3 是可直接进行代码编辑的视图。在可视化设计视图里无法编辑的部分可以在代码视图里快捷地修改。

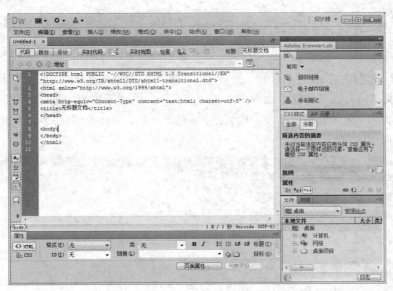

图 6.3 代码视图

图 6.1 是拆分视图，可以同时查看代码和设计视图。可以在查看页面效果时确认文件编辑的代码。

6.1.2 基本标签

常用的基本标签有页面背景、标题、图片、换段、换行、超链接、颜色、字号大小、对齐、空格、列表等。在使用基本标签前，我们必须先创建一个 HTML 文档。

1. 新建一个 HTML 页面

在 Dreamweaver 中新建页面，依次采取以下 3 个步骤：

（1）选择"文件"->"新建"命令，弹出"新建文档"对话框。

（2）从"类别"列表框中选择"基本页"选项，然后从右侧的列表中选择"HTML"选项。

（3）再单击"创建"按钮。

新文档在"文档"窗口中打开，如图 6.1 所示。

（4）选择"文件"->"保存"命令，弹出"保存文档"对话框，取名"6-1.html"保存该文件。

2. 设置页面标题和背景

指定在浏览器窗口的标题栏中出现的网页标题，可帮助网站访问者了解网页内容的主题，很多搜索引擎也是根据网页的标题进行搜索的。每个页面都应该设定一个标题。要设定标题，请在"文档"工具栏(如图 6.1 所示)的"标题"文本框中输入标题"首页"，或者从菜单中选择"修改"->"页面属性"命令。

要设定背景，请在图 6.1 所示的"属性"面板中选择"页面属性"->"背景颜色"命令。

3. 格式化文本

在文档中输入文本后，若对文本的格式不满意，可在"属性"面板中设置文本的相关属性，如图 6.4 所示。设置文本属性具体操作步骤如下。

图 6.4　文本属性面板

（1）选中要设置属性的文本，选择"窗口"->"属性"命令，打开"属性"面板如图 6.4 所示。

（2）选中文本后，在"属性"面板中单击"格式"右边的下拉列表框可改变字体的格式。

（3）如果需要改变文本和对齐方式和颜色，该版本 Dreamweaver 需要单独设置 CSS 样式，如图 6.5 所示。

图 6.5　文本属性面板 CSS 设置

要将段落格式应用于文本块，可执行以下操作。

（1）将插入点放置在文本块的任一位置。

（2）从"属性"检查器中的"格式"下拉列表框中选择"段落"选项。或直接按 Enter 键。

要将换行格式应用于文本块，可执行以下操作。

（1）将插入点放置在该文本块的需要换行的位置。

（2）然后按下 Shift+Enter 组合键。

4．插入图片

要插入图像，可执行以下步骤。

（1）将插入点放置在"文档"窗口中要显示图像的位置。

（2）选择"插入"-> "图像"命令。可在弹出"选择图像源文件"对话框中，浏览要插入到网页的图像。该对话框还包含"图像预览"选项，选择该选项可以在插入图像前，先查看该图像的缩略图。

（3）选择要插入的图像，然后单击"确定"按钮。图像即被插入到"文档"窗口中，如图 6.6 所示。也可以选择右边红色框起来的"浮动面板"里面的"插入"选择"常用"，即可找到"图像"按钮。

图 6.6　插入图片

5．插入 Flash

无论 Flash 文件是广告条、按钮，还是交互式动画，都可以转换为.SWF 格式。这种格式比标准 GIF 动画有更多功能，包括高级动画、更快的下载速度和流功能。

（1）在"文档"窗口中，将插入点放置在要插入 Flash 的地方。

（2）选择"插入"-> "媒体"-> "Flash"命令，即会出现"选择文件"对话框（如图 6.7 所示）。

（3）选择一个影片文件。单击"确定"按钮。

此 Flash 文件即被插入"文档"窗口中，并显示为灰色矩形，矩形中间是 Flash 徽标。

在"属性"检查器中可以设置影片的宽度和高度，如图 6.8 所示。

图 6.7　插入 SWF

图 6.8　插入 SWF 设计视图及相应属性

预览效果如图 6.9 所示。（页面文件位置:06\6-1.html）

图 6.9　页面效果

6. 创建超链接

超链接是指向到另一文件(图形、音频、视频等)或同一文档的另一个部分的链接。当用户单击超级链接时，就会跳转到链接中指定的网址(URL)。

第一种：使用 Dreamweaver 链接到其他文档

（1）在"文档"窗口中选择文本或某个图像作为链接。

（2）在属性面板中，单击"链接"字段右边的文件夹("浏览文件")图标进行浏览，然后选择一个文件。

（3）此时将弹出"选择文件"对话框。在此可以浏览并选择想要链接打开的文件。

（4）在"选择文件"对话框中，到链接文档的路径显示在 URL 字段中。从"相对于"下拉列表框中选择路径是否相对于文档。

（5）单击"确定"按钮应用该链接。

（6）在"属性"检查器中，从"目标"下拉列表框中选择要打开文件的位置。

第二种：使用 Dreamweaver 链接到同一文档的特定位置

首先创建"命名锚记"(简称锚)，然后使用"属性"检查器链接到文档的特定部分。

创建到命名锚记的链接的过程分为两步。首先，创建命名锚记，然后创建到该命名锚记的链接。

（1）在"文档"窗口的"设计"视图中，将插入点放在需要命名锚记的地方。

（2）执行下列操作之一：

选择菜单"插入"-> "命名锚记"命令。

在插入栏的"常用"类别中，单击"命名锚记"按钮。此时将显示"命名锚记"对话框，如图 6.10 所示。

图 6.10 "命名锚记"对话框

（3）为锚记命名。在此示例中，锚记名称设置为"help"。

锚记标记将会显示在插入点上。

链接到命名锚记，可执行以下操作。

（1）在"文档"窗口的"设计"视图中，选择要从其创建链接的文本或图像。

（2）在"属性"检查器的"链接"文本框中，输入一个#和锚记名称。

例如：要链接到当前文档中名为"help"的锚记，输入#help。

7. 创建列表

最常用的列表类型有两种：项目列表和编号列表。项目列表也称为"无序列表"，编号列表也称为"有序列表"。

创建列表时，既可以先输入列表文本，再将其设置为项目列表/编号列表，也可以在输入文本前将其设置为项目列表/编号列表。通过"列表属性"对话框，可以应用不同的项目符号或编号样式。

项目列表共有两种样式：圆圈和正方形。编号列表有罗马字母和字母等。

创建列表的步骤：

（1）在文档中，将插入点放置在要显示第一个列表项的位置。

（2）在"属性"检查器中，单击"项目列表"或"编号列表"按钮，即出现项目符号或编号。

（3）输入项目名称，然后按 Enter 键。

（4）输入下一个项目，再按 Enter 键。重复以上操作，直到完成添加所有列表项。

改变整个列表的样式的步骤：

（1）将插入点放置在列表中的任意位置。

（2）单击"属性"检查器上的"列表项目"按钮，即出现"列表属性"对话框。

（3）从"列表类型"下拉列表框中选择一种列表类型。

（4）当"列表类型"为"编号列表"时，在"开始计数"文本框中，输入列表的起始编号。

（5）单击"确定"按钮应用修改。

页面效果如图 6.11 所示。（页面文件位置:06\6-1.html）

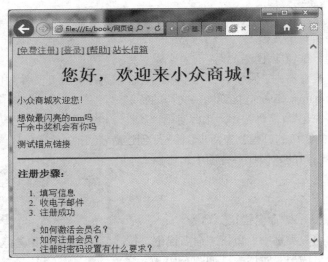

图 6.11　基本标签效果图

6.2　表　　格

6.2.1　表格布局

表格布局是为了精确定位、合理安排网页中的文字、图片等元素，是在一个限定的面积范围内合理安排、布置图像、文字等元素的位置，从而设计出版式漂亮的页面。如图 6.12 所示，就是一个使用表格布局的页面。

图 6.12　表格布局文字和图片

6.2.2　表格的使用

请执行以下步骤：

（1）新建空白文档，然后选择"插入"→"表格"命令，以显示"表格"对话框，如图 6.13 所示。

（2）输入所需的行数为 6 和列数为 3，选择"百分比"或"像素"为单位的表格宽度。

（3）在"边框粗细"后的文本框中输入边框宽度，不需要显示边框可将值设为"0"。

（4）设置"单元格边距"和"单元格间距"。

（5）设置的相关值如图 6.13 所示，然后单击"确定"按钮。

（6）按要求插入相应的文本和图片，按 F12 键就可以看到如图 6.12 所示的效果。

（页面文件位置:06\6-2.html）

图 6.13　"表格"对话框

6.3　表　　单

表单主要用于采集和提交用户输入的信息，它也是实现动态网页的一种主要表现形式。下面使用 Dreamweaver CS5 快速地创建常用的表单页面。

6.3.1　表单简介

表单是网站管理者与访问者之间沟通的桥梁，包含如按钮、文本框、下拉列表框、单选按钮、复选框等表单元素。表单元素用于接受用户的输入并提供一些交互式操作。用户输入的数据可以通过客户端脚本来验证，然后提交给服务器作进一步的处理。图 6.14 所示是一个典型的表单应用。

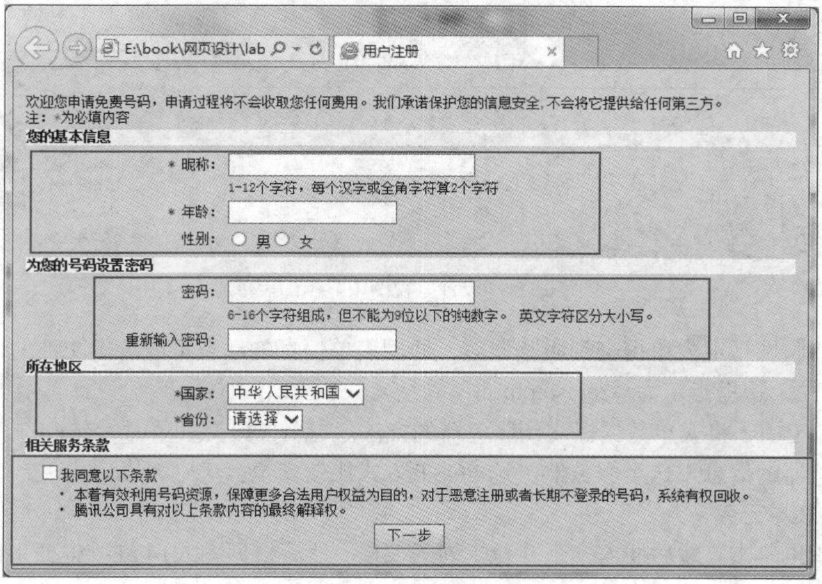

图 6.14　典型表单应用

6.3.2 表单的使用

1. 插入表单

在 Dreamweaver 中插入表单时，表单以红线显示(仅在 Dreamweaver 中编辑时可见)，用浏览器浏览时，这条线不会出现在网页上。添加到表单的每个项目都必须在表单内部，否则将视之为另一个表单。可以将表格和图形等对象放置到表单标签内。

实现该效果有以下步骤：

（1）新建空白文档，将插入点放置在"文档"窗口内要插入表单的地方。单击"表单"工具栏中"表单"图标，或在菜单中选择"插入"→"表单"命令。

（2）此时 Dreamweaver 即插入一个表单，如图 6.15 所示。在"设计"视图中，表单边框线显示为红色。单击表单边框线或选择"文档"窗口左下角的表单标签（<form>）可以选中整个表单。

（3）将鼠标放到表单域内或选中表单域，此时在"属性"面板中就可以设置表单域的各项属性，如图 6.15 所示。

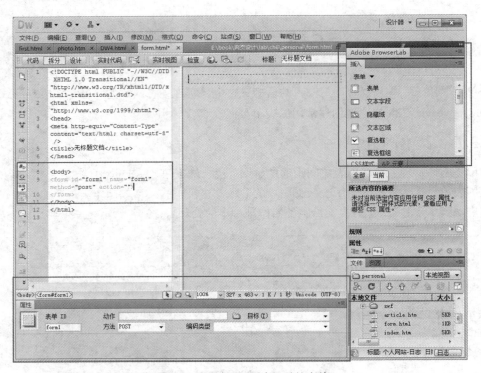

图 6.15 "设计"视图中显示的表单

动作：此属性指定表单提交到服务器后，处理表单信息的动态页或脚本文件的位置，一般是一个 URL 路径，这里指定为"register.html"。

方法：指定用于将表单数据提交到服务器的方法。当用户提交表单时，有 GET 和 POST 两种方式可将浏览器的信息发送至服务器。选 POST 方式比较安全。

2. 插入表单元素

在表单域里单击，然后插入一个 9 行 1 列的表格。然后根据图 6.14 红线框插入嵌套表格，如图 6.16 所示。

注：前面两步布局也可以通过合并单元格的方式设计完成，请自行设计实现。

插入相应的表单元素，常用的表单元素如图 6.17 所示。

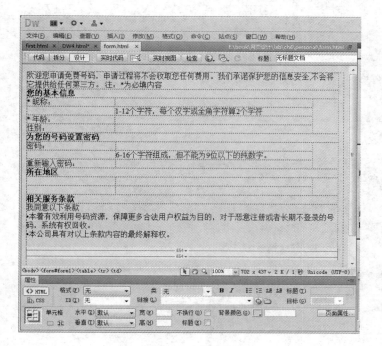

图 6.16　表格嵌套

图 6.17　常用的表单元素

文本域属性如图 6.18 所示。可以设置单行、多行和密码等类型，也可以设置"只读"和"禁用"属性。

图 6.18　文本域属性

单选框属性如图 6.19 所示。注意只有将一组设置为相同的名称才具备单选效果。也可以直接插入单选按钮组，如图 6.20 所示。

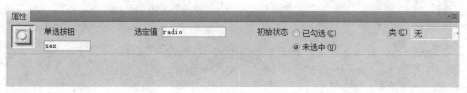

图 6.19　单选框属性

列表框属性如图 6.21 所示，单击"列表值"按钮可以添加列表值，列表值对话框如图 6.22 所示。

按钮属性如图 6.23 所示，根据按钮动作分为"提交按钮"、"重设按钮"和自定义按钮。

图 6.20　单选按钮组属性

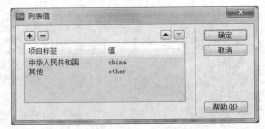

图 6.22　列表值对话框

图 6.21　列表框属性

图 6.23　按钮属性

完成整个表单的设计，如图 6.24 所示，其效果如图 6.14 所示。

（页面文件位置:06\6-3\form.html）

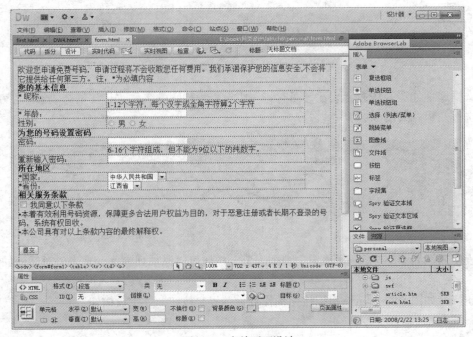

图 6.24　表单页面设计

6.4　框　　架

框架是将浏览器窗口划分成几个部分，将一些不需要更新的元素放在一个框架内作为单独的网页文档，这个文档是不变的，其他经常更新的内容放在主框架内。框架通常是由框架集和框架两部分组成，框架集实际上是一个页面，这个页面里包含了好多框架窗口，每个框架窗口可以单独显示一个 HTML 文档，这些 HTMI 文档之间可以通过超链接联系起来。

6.4.1　框架网页

框架将一个浏览器窗口分为多个独立的区域，每个区域(框架)显示一个单独的可滚动页面，每个框架都是浏览器窗口内的一个独立窗口。典型的框架网页如图 6.25 所示，这是关于某个电子商务网站的"帮助中心"服务页面。该网页由 3 个框架组成，每个框架单独显示一张网页。顶部框架用于显示横幅广告，对应于网页 top.html；左侧框架放置客户中心的一些服务列表，用于页面导航，对应于页面 left.html；右侧窗口用于显示具体某项客户中心服务的信息，对应于页面 right.html。为了浏览方便，当浏览者单击左侧客户中心服务列表的超链接时，右侧窗口显示相应的客户中心服务信息。

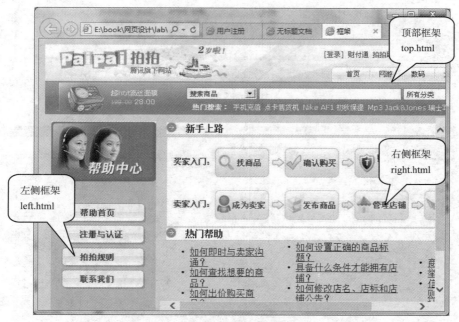

图 6.25　网页中的多个框架

6.4.2　制作框架页面

Dreamweaver 提供了多种创建框架的方法，可以使用它提供的预置框架集，也可以通过手写 HTML 代码任意地建立框架集。下面使用 Dreamweaver 预置的框架集通过操作来实现如图 6.25 所示的框架集页面。制作过程如下。

1. 新建框架网页

要新建框架网页，请事先规划好网页的设计布局，然后执行如下步骤。

（1）选择"文件"→"新建"命令。

（2）在"新建文档"对话框中，选择"框架集"类别。

（3）从"框架集"列表中选择一个合适的框架集，如图 6.26 所示。

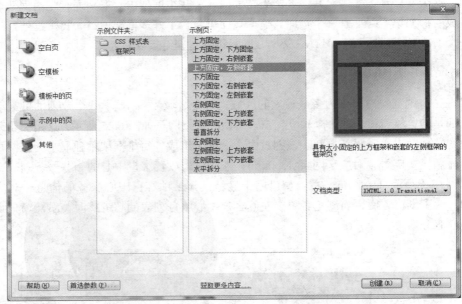

图 6.26　选择符合自己要求的框架集

（4）单击"创建"按钮，结果如图 6.27 所示。

图 6.27　框架集

2．设置框架集属性

要设置框架集的属性，请执行如下步骤。

（1）选中框架集：将鼠标指针移至某个框架的边框线上，然后单击，这时将选中整个框架集，如图 6.27 所示。

（2）设置框架集的边框宽度：通过"框架集"属性检查器，可修改边框设置为"是"，边框宽度设置为"1"。

要调整某个框架的宽度或高度，请将鼠标光标移至框架的边框线上，左右或上下拖动。

3．添加每个框架的内容

如果事先没有准备每个框架的网页内容，现在可以直接在这些空白的框架中插入内容，然后在保存的时候，将提示逐个保存每个框架的网页。

如果事先准备好了每个框架的网页内容，现在可以设置每个框架所关联的网页。在此采用事先已准备好的网页 top.html、left.html 和 right.html。

下面我们就为每个框架设置对应的网页文件。

（1）选择"窗口"->"框架"命令，打开"框架"面板，展现框架的缩略图，如图 6.28 所示。

（2）单击"框架"面板中的每个框架，"属性"检查器中出现相应框架的属性，如图 6.29 所示。单击"源文件"旁边的文件夹图标，选择该框架对应的网页。

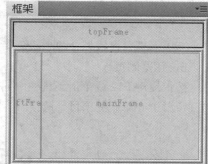

图 6.28　框架面板

图 6.29　设置框架对应的网页文件

（3）按照同样的方法设置其他框架所对应的网页。

（4）每个框架 Dreamweaver 都有个默认的名称，如顶部框架默认为 topFrame，左侧框架默认为 leftFrame，右侧框架默认为 mainFrame。如图 6.29 所示。您也可以单击"框架名称"文本框，修改其名称。

（5）框架内容添加后的效果如图 6.25 所示。

（页面文件位置:06\6-4frameset\frameset.html）

4．设置超链接

左侧窗口内容为"帮助中心"服务项目，现在希望当用户单击这些服务项目超链接时，链接的网页将会在右侧主窗口中打开，右侧窗口的名称是"mainFrame"。

要达到上述效果，请执行如下步骤。

（1）选中要设置超链接的图片或文本，如"注册&认证"。

（2）选择"窗口"→"属性"命令，打开"属性"面板，如图 6.30 所示。

（3）单击"链接文件"图标，选择链接文件，如"right.html"。

（4）单击"目标"下拉列表框，选择超链接在哪个框架中打开，这里为了在右侧框架打开，所以选择"mainFrame"。

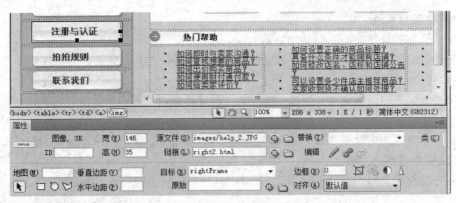

图 6.30　超链接 "属性" 面板

（5）同理，设置另外两个超链接。

5. 预览网页

按快捷键 F12 或单击工具栏中的 "预览" 图标，将会看到网页的显示效果。单击左侧窗口中的 "帮助中心" 服务项目，链接内容将在右侧窗口显示。

6.5　样　式　表

建立样式表的意义在于实现了网页外观的统一管理，设计者通过修改样式表不仅可以改变单个网页的外观，而且还可以改变多个网页甚至整个网站的外观，从而大大减轻工作量，提高效率。

6.5.1　样式简介

图 6.31 所示的是应用样式的前后对比效果，左图采用系统默认的外观，右图中的边框和图片按钮等进行了自定义设置，就是样式的功劳。样式就好比女孩穿的衣服，网页也需要华丽的样式来包装。

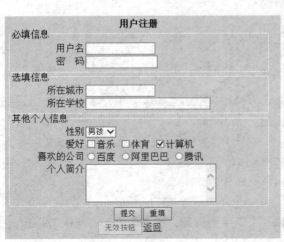
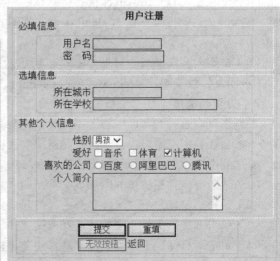

图 6.31　样式应用的前后对比

6.5.2　制作样式表

1．创建样式表

创建如图 6.31 所示的样式表的具体操作步骤如下：

（1）选择"窗口"→"CSS 样式"命令，打开"CSS 样式"面板，在面板中单击鼠标右键，在弹出的快捷菜单中选择"新建"命令，如图 6.32 所示。

（2）在弹出的"新建 CSS 规则"对话框中，设置选择器类型为"标签选择器"和选择器名称为"table"，设置内容如图 6.33 所示。单击"确定"按钮新建一个样式文件，并取名为"mycss.CSS"，然后保存。

图 6.32　新建样式

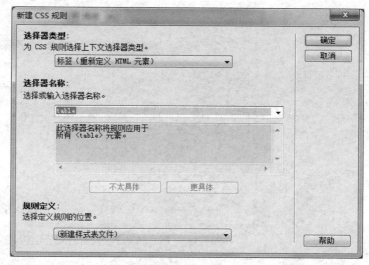

图 6.33　新建标签 table 的 CSS 规则

（3）单击"保存"按钮之后，弹出定义"table 的 CSS 规则定义"对话框，如图 6.34 所示，在图中设置方框的样式为"margin:4px;padding:2px; "，边框的样式为"border:thin　solid　#FF99FF;"，如图 6.35 所示。同理，定义标签<BODY>的样式规则为"font-family: "宋体";font-size:12px;"，如图 6.36 所示。

图 6.34　CSS 规则定义之方框

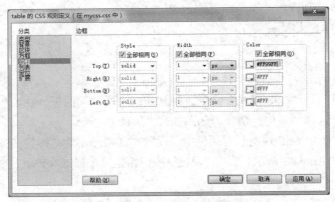

图 6.35　CSS 规则定义之边框

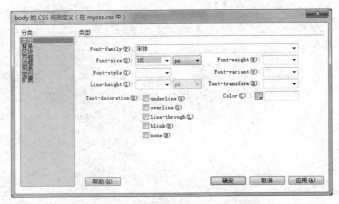

图 6.36　CSS 规则定义之类型

（4）在"CSS 样式"面板中单击鼠标右键，在弹出的快捷菜单中选择"新建"命令，然后出现如图 6.37 所示的"新建 CSS 规则"对话框。定义一个名称为.picButton 的类样式。然后定义其样式规则为"background-image:url(back.jpg);border:0　px;margin:0px;padding:0px;height:23px;width:82px;font-size:14px;"。定义一个名称为.textBorder 的类样式，然后定义其样式规则为"border-top-width:lpx;border-right-width:lpx;border-bottom-width:lpx;border-left-width:lpx;border-top-style:solid;border-right-style:solid;border-bottom-style:solid;border-1eft-style:solid;"。注意类的样式名前要加一个句点。

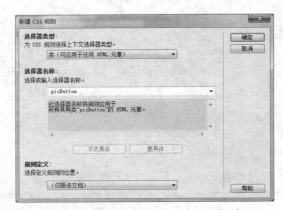

图 6.37　新建类 picButton 的 CSS 规则

2．应用样式表

CSS 样式表创建完以后，就要对相关的页面进行样式的应用，起到美化页面的效果，应用 CSS 样式表的具体操作步骤如下：

（1）打开要应用样式的网页，在"属性"面板中单击"样式"下拉列表框，选择"附加样式表"选项，如图 6.38 所示。

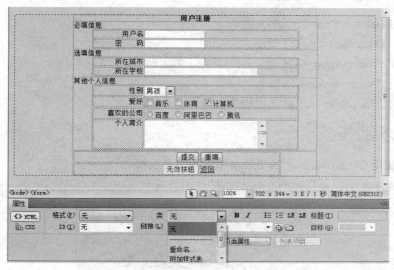

图 6.38　给网页指定样式文件

（3）选择"附加样式表"选项之后，会出现如图 6.39 所示的对话框，单击"浏览"按钮指定要链接的外部样式文件为"mycss.css"。

（4）单击"确定"按钮，就完成了网页和样式表文件之间的绑定。应用样式之后的效果如图 6.40 所示。

（页面文件位置:06\6-5css\myform_usecss.htm）

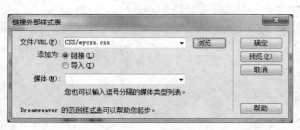

图 6.39　设置打开的网页和指定的样式表绑定　　　　图 6.40　应用样式效果图

6.6　实　践　指　导

6.6.1　实践训练技能点

1. 会使用 Dreamweaver 实现图文混编
2. 会使用 Dreamweaver 实现表格
3. 会使用 Dreamweaver 实现表单
4. 会使用 Dreamweaver 实现框架
5. 会使用 Dreamweaver 工具实现样式表

6.6.2　实践任务

任务 1　使用 Dreamweaver 实现表格布局和图文混编

使用 Dreamweaver，实现如图 6.41 所示的页面效果。

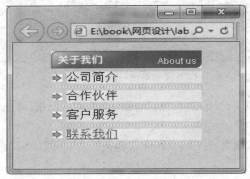

图 6.41　页面效果

任务 2　使用 Dreamweaver 实现表格和表单页面

使用 Dreamweaver，实现如图 6.42 所示的页面效果。

图 6.42　页面效果

任务 3 使用 Dreamweaver 实现样式表

使用 Dreamweaver，对任务 2 进行样式修饰，实现如图 6.43 所示的页面效果。

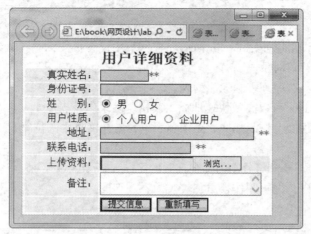

图 6.43 页面效果

任务 4 使用 Dreamweaver 实现框架页面

使用 Dreamweaver，实现如图 6.44 所示的框架布局页面效果。

图 6.44 页面效果

关键代码提示：

```
<frameset rows="259,*" cols="*" framespacing="0" frameborder="no" border="0">
   <frame  src="top.html"  name="topFrame"  scrolling="No"  noresize="noresize"  id="
topFrame" title="topFrame" />
     <frame  src="main.html"  name="mainFrame"  scrolling="yes"  noresize="noresize"  id="
mainFrame" title="mainFrame" />
```

小　　结

- 在设计网页时，可以使用 Dreamweaver 在网页中设置页面标题和背景，插入图片、Flash、文本、特殊字符等对象。
- 列表分为两类：有序列表和无序列表。
- 使用 Dreamweaver 可以高效快速地插入表格、表单以及表单元素。
- 表格可在一定程度上控制文本、图像和表单元素在网页中的位置，而不是完全由浏览器对此进行控制。
- 框架将 Web 浏览器窗口分割为多个独立的区域，每个区域显示一个可独立滚动的页面。
- CSS 样式表可以将网页制作得更加美观大方、绚丽多彩。

拓展训练

1. 使用 Dreamweaver 工具，利用表格制作一个用户注册的表单页面，最后用 CSS 修饰。实现如图 6.45 所示的页面效果。

图 6.45　页面效果

2. 使用 Dreamweaver 实现框架页面布局，页面效果如图 6.46 所示。

图 6.46　页面效果

第7章
网站设计

- 根据网站开发流程制作网站
- 使用 DIV+CSS 制作简单的页面布局
- 使用<iframe/>制作网页模板
- 使用 Dreamweaver 工具制作网页

7.1　网站开发流程

创建一个商业网站，要做好商业网站开发的前期准备、中期制作和后期的测试发布工作。前期准备包括了解网站的业务背景、明确网站的设计风格、确定网站内容等；中期制作主要包括创建站点、制作首页、制作模板和制作样式；后期的测试发布工作包括检查页面效果是否美观、链接是否完好、不同浏览器的兼容性以及如何发布网站。下面以时尚 E 点通为例来介绍整个网站开发流程。

7.1.1　需求分析

需求分析就是分析客户的需求是什么。如果投入大量的人力、物力、财力，开发出的网站却没人要，那所有的投入都是徒劳，因此，网站前期的需求分析是相当重要的。需求分析的任务就是解决"做什么"的问题，就是要全面地理解客户的各项要求，并且能够准确、清晰地表达给参与项目开发的所有成员，保证开发过程按照客户的需求去做，而不是为技术而迁就需求。需求分析阶段关键要解决以下几个问题。

1．why——网站想实现什么目标？

常见的建站目的如表 7.1 所示。

表 7.1　　　　　　　　　　　　　　　　　　建站目的

目的	案例	说明
增加利润	电子商务网站	通过网络销售，降低客户服务成本，增进品牌意识
传播信息	企业产品宣传网站、政府宣传网站	宣传
作为应用程序的用户界面	企业内部信息系统 OA、ERP 等	B/S 应用（浏览器/服务器模式）

例如，时尚 E 点通网站的目的是第二种，传播信息。

2．who——谁来访问？

一般需要分析目标受众的年龄、兴趣爱好等方面的问题。时尚 E 点通主要针对时尚、前卫的年轻人。针对该特点，网站提供的功能需符合现代、时尚的特点。

3．what——访问者需要什么？

内容决定一切，内容价值决定了访问者的去留。网站开发需要结合业务背景，设计相关内容，充分展示网站的价值，让访问者尽快获取所需内容。根据时尚 E 点通的业务背景，设计的主要页面有以下几个：

- 首页(index.html)：包括网站导航、最新资讯和版权声明等内容。
- 新闻动态(news.html)：包括新闻动态信息等。
- 全球时尚(global.html)：包括全球时尚信息等。
- 登录页(login.html)：使用账户登录网站。
- 注册页(register.html)：注册为网站会员。
- 帮助页(help.html)：客户服务方面的帮助信息等。

4．用多少时间，预算是多少，完成的质量？

时刻记住：以客户需求为导向，最终的成果为《网站需求规格说明书》。

7.1.2　伪界面设计

明确用户的需求后，为了进一步确认客户的需求，最好让美工将需求捕获活动的结果加以适当的分析，然后设计一个用户可以直接感知的静态的网站样板（网站的静态图片版），如图 7.1 所示。方便客户与开发人员就网站系统的业务背景、设计风格、网站内容达成共识，并建立需求变更制度与流程，方便后期的制作与完善，内容页效果图如图 7.2 所示。

图 7.1　首页效果图

图 7.2　内容页效果图

7.1.3　网站制作

应用 HTML+CSS 技术，选用 Dreamweaver 等辅助工具，根据美工效果图制作 html 页面，制作效果如图 7.3 所示，包括图片等素材收集、页面布局规划等工作。

图 7.3　首页制作效果

7.1.4　测试网页

● 测试网页是否满足客户需求。

● 测试并修复网页可能出现的 bug。

● 根据客户浏览器种类，测试浏览器的兼容性。

7.1.5 发布网站

网站经测试之后，就可以放在服务器上发布。发布网站有两种方式，一种是本地发布，即通过本地计算机来完成，在 Windows 操作系统中，一般通过 IIS 来构建本地 Web 发布平台，这种发布方式只能让局域网中的用户访问您的站点；另一种是远程发布，即登录到 Internet 上，然后利用有些 Internet 服务商（ISP）提供的个人网络空间来真实地发布自己所建的网站，不过，这种发布方式要先申请一个域名和虚拟主机，申请成功后 ISP 就会给您一个 IP 地址、用户名和密码，使用此 IP 地址、用户名和密码就可以把您的网站上传到 Internet 上，只有这样，才能让 Internet 上的用户访问您的站点，如图 7.4 所示。可以根据自己的需要来选择不同的发布环境。

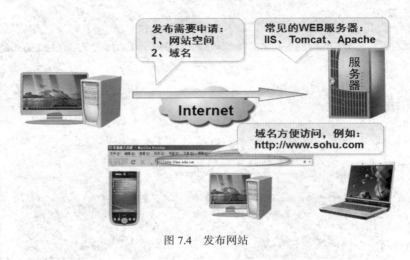

图 7.4　发布网站

7.2　创 建 站 点

Dreamweaver CS5 不仅提供了强大的网页编辑功能，而且还具有强大的网站管理功能。在实际的网站开发中，常用 Dreamweaver 工具辅助开发。

假设要建立时尚 E 点通站点，取名 fashion，该站点将包含大量网站的相关信息。

要开始建立这个站点，请先在计算机的硬盘驱动器中创建名称为"fashion"的文件夹，然后把本地站点的根目录建在这里，一个本地根目录对应一个网站。

创建一个站点的具体步骤如下：

（1）在本地硬盘上创建一个文件夹，用于存放站点，假如我们在 D 盘驱动器下创建名为"fashion"的文件夹。

（2）选择"站点"->"管理站点"命令，然后在弹出的"站点管理"对话框中选择"新建"->"站点"命令，此时将弹出"站点定义"对话框。

（3）在"站点定义"对话框中，如图 7.5 所示输入站点名称"fashion"，然后选择本地站点文件夹，单击"保存"按钮。完成站点定义后如图 7.6 所示显示站点文件。

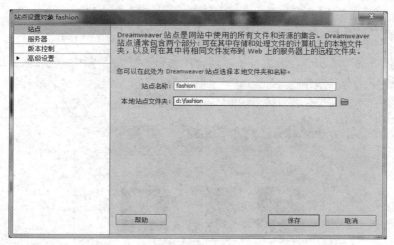

图 7.5　站点定义

（4）建立目录结构，在制作网页前，最好先确定整个网站的目录结构。对应中小型网站，一般会创建如图 7.6 所示的通用目录结构。

● images 目录：存放网站的所有图片。

● css 目录：存放 CSS 文件，即外部 CSS 文件，实现内容和样式的分离。

● js 目录：存放 javascript 脚本文件。

各网页文件一般存放在网站根目录下。

（5）如需修改站点信息，选择"站点"->"管理站点"命令，如图 7.7 所示。

图 7.6　站点文件及资源管理器

图 7.7　管理站点

7.3　页面布局技术

目前比较流行的布局有 3 种，即框架布局、表格布局和 DIV 层布局，每种布局都有优点和缺点。

7.3.1 表格布局

1. 优点：设计简单、浏览器兼容性好。适合用来布局很规整的内容或数据。
2. 缺点：表格嵌套导致结构冗余、整个表格下载完才开始显示数据，影响访问速度。
3. 适用场合：不符合 W3C，逐渐淡出。图 7.8 所示为表格布局实例。

图 7.8 表格布局

7.3.2 框架布局

1. 优点：简洁、多窗口查看。
2. 缺点：分多文件保存，不利于搜索引擎搜索。在不同浏览器之间的兼容性不好。
3. 适用场合：论坛、社区。图 7.9 所示为框架布局示例。

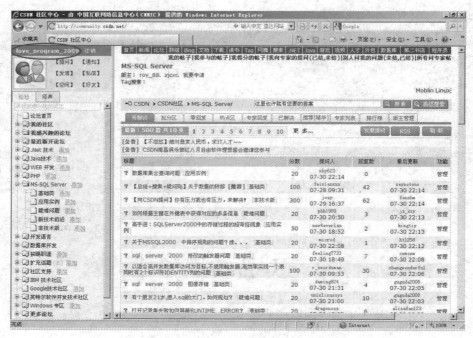

图 7.9 框架布局

7.3.3　DIV+CSS 布局

1. 优点：符合 W3C 内容和结构分离的思想、层次结构简单、利用搜索引擎搜索。
2. 缺点：布局稍微复杂、存在浏览器兼容问题。
3. 适用场合：主流的布局方式。图 7.10 所示为 DIV+CSS 布局实例。

图 7.10　DIV+CSS 布局

7.4　网　页　制　作

7.4.1　制作首页布局

1. 划分页面结构

典型的 3 行 3 列结构，如图 7.11 所示。

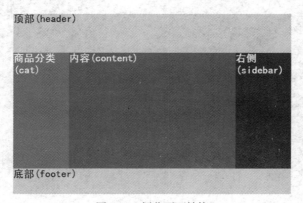

图 7.11　划分页面结构

2. 编写 HTML 内容结构

（1）推荐加顶级容器，方便统一设置。

（2）中间三块放入 main 容器块中，如图 7.12 所示。

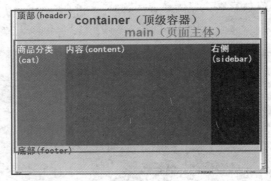

图 7.12　页面结构分解

注意命名规范。

（1）按各块的业界习惯的命名。

（2）最外面的大块用 ID 命名，其他用 class 或 ID 均可。

3. 编写 CSS 控制各块的布局（layout.CSS ）

（1）可用具体数值或百分比设置宽高。

（2）不需要设置各块坐标。

（3）注意使用 float 浮动。

（4）代码按块体现层次。

4. 制作首页

在前面的基础上完成首页的制作，页面效果如图 7.13 所示。

图 7.13　首页制作

7.4.2　制作网页模板

图 7.14 所示这些文件直接包含的公用部分可以提取出来作为页面模板。网页模板的用途如下。

● 多个网页有重复内容，利于减少开发时间。

● 页面复用，利于网站风格统一和维护。

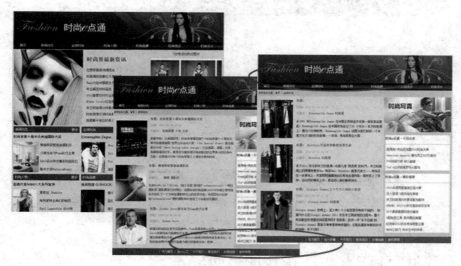

图 7.14　网页公用部分

利用<iframe/>标签制作模板流程如下。

（1）分离顶部为单独的页面文件，制作 top 模板，如图 7.15 所示。

图 7.15　制作 top 模板

（2）分离底部为单独的页面文件，制作 bottom 模板，如图 7.16 所示。

图 7.16　制作 bottom 模板

（3）使用<iframe />复用顶部和底部制作登录页面，如图 7.17 所示。

图 7.17　复用模板

7.4.3　制作样式表文件和其他页面绑定

1．制作样式表

创建 global.css 文件用于保存常用的全局样式。

```
body{font:normal 12px Tahoma,宋体;}
body,ul,ol,tr,dl,dd,form,input,h1 {margin:0px;padding:0px;}
a {color:#333;text-decoration: none;}
#container a:hover {color:#ff7300;}
a img{border:0px;}
li{list-style:none;}
input{border:1px #ccc solid;height:17px;width:131px;}
```

另外对应具体的页面布局和美化创建 layout.css 文件，如图 7.18 所示。

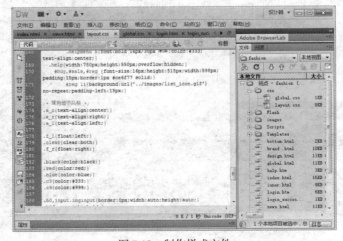

图 7.18　制作样式文件

2. 应用样式文件

样式文件创建好之后，其实还是一个孤立的文件，如果不应用到页面中，就不能显示出其强大的威力。未应用样式的页面绑定样式文件的具体操作步骤如下：

（1）打开要应用样式的网页，在"属性"面板中单击"样式"下拉列表框，选择"附加样式表"选项。

（2）选择"附加样式表"选项之后，会出现如图 7.19 所示的对话框，单击"浏览"按钮指定要链接的外部样式文件为"layout.css"。

图 7.19　应用样式文件

（3）单击"确定"按钮，就完成了网页和样式表文件"layout.css"之间的绑定。

7.4.4　设置页面间的链接

时尚 E 点通的主要页面都做好了，并且应用了模板和样式，其实这些页面还都是孤立的，没有任何联系，接下来应用超链接使其形成一个有机整体。

超链接能把同一网站中同一页面不同部分，同一网站中不同的页面、不同网站中不同页面不同部分、不同网站中不同页面链接起来，从而在不同网站、不同页面、同一页面不同部分之间建立起千丝万缕的联系。

7.5　测试并发布网站

网站的开发是一个系统工程，涉及到很多人共同完成，这么多人同时完成一个网站，可能会出现许多问题，如整个网站在设计上是否统一和谐、链接地址是否有错、不同的浏览器打开同一网页是否能正常显示等，这就需要我们对网站进行测试。网站经过成功测试之后，就要把它发布到 web 服务器上，才能够让别人欣赏。

7.5.1　测试内容

1. 页面效果是否美观

一个网站做的好坏很大程度上取决于页面效果，尤其是对那些不懂网站建设技术的人，他们就看你做的网站是否漂亮、美观、大方，所以一个网站中的页面效果对此网站的成功具有举足轻重的作用。页面效果是否美观，其实是有据可依的，可以从"结构清晰，美观大方，用户界面良好，浏览方便快捷，实用性、创新性、交互性"等方面去判断，然后来完善、美化我们制作的页面。

2. 链接是否完好

（1）检查单个页面链接。

若要检查单个页面链接，先打开此站点，接着将该文档打开，然后选择"文件"->"检查页"->"检查链接"命令，系统自动打开"结果"面板显示"链接检查器"面板，并显示链接报告，如图 7.20 所示，该报告为临时文件，用户可通过单击"保存报告"按钮将报告保存起来。

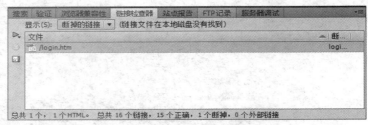

图 7.20　"链接检查器"面板

"显示"下拉列表框中共包含 3 种类型的链接报告：

- "断掉的链接"选项：显示含有断裂超链接的网页名称。
- "外部链接选项"：显示包含的外部超链接的网页名称(可从此网页链接到其他网站中的网页)。
- "孤立文件"选项：显示网站中没有被使用到的或未被链接到的文件，即孤立的文件。

（2）检查整个站点中的链接。

若要检查整个站点中的链接，先从"文件"面板中选择一个站点，然后单击"链接检查器"面板中的"检查链接"按钮，从弹出的菜单中选择"检查整个当前本地站点的链接"命令，在"链接检查器"面板中的列表框中显示链接报告，如图 7.21 所示。

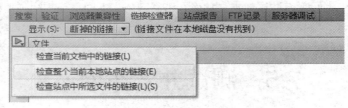

图 7.21　打开"检查链接"菜单

3. 测试不同浏览器的兼容性

（1）设置需要检查的浏览器及其版本。

在"文档"工具栏中的"目标浏览器检查"菜单中选择"设置"命令，出现"目标浏览器"对话框，如图 7.22 所示。

选中每个需检查浏览器的复选框，在这里我们选择 Firefox 等浏览器，如图 7.22 所示。

对于每个选定的浏览器，在其同行右边有个下拉列表框，单击后从弹出的选项中选择要检查的浏览器的最低版本。最后单击"确定"按钮，以选定需要检查的浏览器及其版本。

图 7.22　测试浏览器兼容性

（2）检查单个页面或整个站点的兼容性。

① 在"文件"面板上的"本地"视图中，选择单个页面或包含整个站点的文件夹。

② 选择"文件"->"检查页"->"浏览器兼容性"命令。报告将显示在"结果"面板组中的"浏览器兼容性"面板中，如图 7.23 所示。

图 7.23　浏览器兼容性

7.5.2　发布站点

当我们把网站做好以后，就可以通过两种方式来发布：一种是通过本地计算机来完成；另一种是在线发布，可以根据自己的条件来选择使用哪种方式。在此主要介绍在本地计算机上安装 IIS 以及使用 IIS 来发布 Web 站点的过程。

1．安装 IIS

IIS 是一个专门的 Internet 信息服务器系统，它包含的内容很多，不但可以提供 Web 服务，而且还可以提供文件传输服务、新闻和邮件等服务，是创建功能强大、内容丰富的站点所首选服务器系统。IIS 是系统的基本安装组件，如果在安装系统时选择安装了 IIS，就不再需要单独进行安装，但是如果在安装时没有选择安装，可像安装其他 Windows 组件一样来安装它。

在 Windows 7 下安装 Internet 信息服务(IIS)的步骤如下：

（1）单击"开始"->"设置"->"控制面板"命令，将打开"控制面板"窗口，双击"程序和功能"图标。

（2）单击"打开或关闭 Windows 功能"按钮，将弹出"Windows 功能"对话框，如图 7.24 所示，显示了可供安装的组件。

（3）选中"Internet 信息服务(IIS)"复选框，再单击"确定"按钮。最后完成 IIS 组件的安装。

（4）查看管理工具，增加了"Internet 信息服务（IIS）管理器"，如图 7.25 所示。

图 7.24　Windows 组件向导　　　　　　　　图 7.25　管理工具

2. 发布网站

（1）打开"Internet 信息服务（IIS）管理器"，如图 7.26 所示。

图 7.26　Internet 信息服务（IIS）管理器

（2）右键选择"Default Web Site"，创建虚拟目录，如图 7.27 所示在弹出"添加虚拟目录"对话框中，填写别名和相应的物理路径，如图 7.28 所示，即可完成网站的发布。

图 7.27　添加虚拟目录　　　　　　　　图 7.28　添加虚拟目录

（3）切换到"内容视图"，查看站点文件目录结构，找到 index.html 页面，右键选择"浏览"，如图 7.29 所示，查看该网站首页效果，如图 7.30 所示。

图 7.29　内容视图

图 7.30　页面效果

3. 访问网站

发布到本地 Web 服务器成功后，提供两种访问方式。一种是：在浏览器地址栏中输入"http：//本地服务器 IP 地址/fashion/index.html"即可访问这个站点，这种访问方式在同一局域网中不同的计算机上都可以访问，如图 7.31 所示。另一种是：在浏览器地址栏中输入"http：//127.0.0.1/fashion/index.html"也可访问，这种访问方式只能在本地计算机上访问，如图 7.31 所示。

图 7.31　两种不同方式访问站点首页

当我们成功地发布网站之后，还需要对站点做定期维护，以保证站点的正常运行和吸引更多的浏览者。

7.6　实　践　指　导

7.6.1　实践训练技能点

1. 会根据网站开发流程制作网站
2. 会使用<iframe/>制作网页模板
3. 会使用 DIV+CSS 制作简单的页面布局
4. 会使用 Dreamweaver 工具制作网页

7.6.2　实践任务

任务 1　创建站点

按照步骤创建 dangdang 网站，并建立相应目录结构，如图 7.32 所示。

任务 2　制作首页

使用 Dreamweaver 等编辑工具制作首页，实现如图 7.33 所示的页面效果。

图 7.32　页面效果

图 7.33　页面效果

任务 3　制作模板

使用 Dreamweaver 等编辑工具制作模板，实现如图 7.34 所示的页面效果。

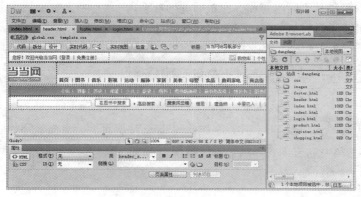

图 7.34　页面效果

任务 4 复用模板制作商品列表页面

使用 Dreamweaver 等编辑工具复用模板制作商品列表页面,实现如图 7.35 所示的页面效果。

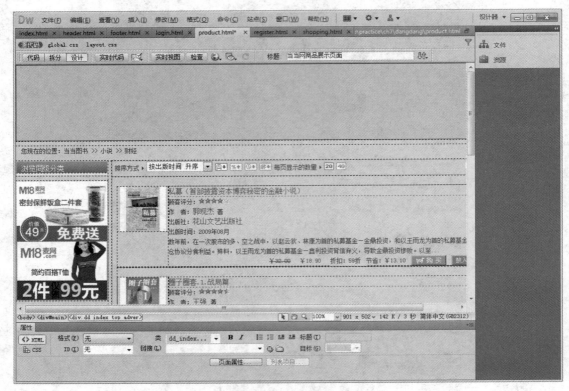

图 7.35 页面效果

小 结

- 网站开发流程一般包括需求分析、网站制作、测试网页、发布网站等环节。
- 网站制作主要包括创建站点、制作首页、制作模板和制作样式。
- 页面的制作可以从页面内容和页面布局进行着手。
- 运用模板便于设计风格的统一,方便网站的维护。

拓展训练

1. 使用 Dreamweaver 等编辑工具,制作 dangdang 注册页面,页面效果如图 7.36 所示。
2. 使用 Dreamweaver 等编辑工具,制作购物车页面,页面效果如图 7.37 所示。

图 7.36　页面效果

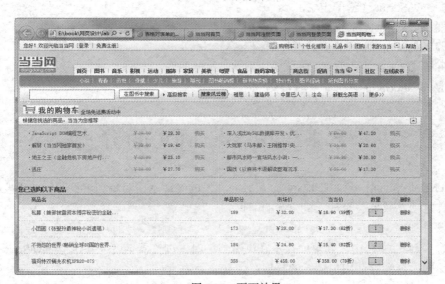

图 7.37　页面效果

第8章
JavaScript 基础

学习目标

- 了解 JavaScrip 的历史及特点
- 掌握 JavaScript 常用的数据类型
- 掌握 JavaScript 变量的定义
- 掌握 JavaScript 中的操作符及表达式
- 掌握 JavaScript 中的分支、迭代结构
- 掌握 JavaScript 中内置函数的使用
- 掌握 JavaScript 的函数定义及使用

8.1　JavaScript 简介

JavaScript 是 Sun 公司和 Netscape 公司共同开发的一种基于对象和事件驱动的重要脚本语言，用于创建具有动态效果、实现人机交互的网页。

在开发过程中，通过使用 JavaScript，网页开发人员能够对网页进行管理和控制。JavaScript可以嵌入到 HTML 文档中，当页面显示在浏览器中时，浏览器会解释并执行 JavaScript 语句，从而控制页面的内容和验证用户输入的数据。

JavaScript 的功能十分强大，可以实现多种功能，如表单验证、动态特效等，所有这些功能都有助于增强站点的动态交互性，如图 8.1 所示。

图 8.1　树形菜单效果图

8.1.1　JavaScript 语言特点

JavaScript 语言主要有如下几个特点：

● 嵌套在 HTML 中

JavaScript 最显著的特点便是和 HTML 的紧密结合。JavaScript 总是和 HTML 一起使用，其大部分对象都与相应的 HTML 标签对应。当 HTML 文档用浏览器打开后，JavaScript 程序才会被执行。JavaScript 扩展了标准的 HTML，为 HTML 标签增加了事件，通过事件驱动来执行 JavaScript 代码。

● 解释执行

JavaScript 是一种解释型脚本语言，无须经过专门编译器的编译，而是在嵌入脚本的 HTML 文档载入时被浏览器逐行地解释执行。

● 弱类型语言

与 C++和 Java 等强类型语言不同，在 JavaScript 中无须指定变量的类型。

● 基于对象

JavaScript 是基于对象的脚本语言，提供了很多内建对象，也允许定义新的对象，还提供了对 DOM（文档对象模型）的支持。

● 事件驱动

HTML 文档中的许多 JavaScript 代码都是通过事件驱动的，HTML 中控件（如文本框、按钮）的相关事件触发时可以自动执行 JavaScript 代码。

● 跨平台性

JavaScript 是依赖于浏览器而运行的，与具体的操作系统无关。只要计算机中装有支持 JavaScript 的浏览器，其运行结果就能正确地反映在浏览器上。

8.1.2　JavaScript 基本结构

JavaScript 代码是通过<script>标签嵌入到 HTML 文档中的。可以将多个<script>脚本嵌入到一个文档中。浏览器在遇到<script>标签时，将逐行读取内容，直到遇到</script>结束标签为止。浏览器将边解释边执行 JavaScript 语句，如果有任何错误，就会在警告框中显示。

JavaScript 脚本的基本结构如下：

```
<script language="javascript">
JavaScript 语句
</script>
```

其中，language 属性用于指定编写脚本使用哪一种脚本语言。

编写 JavaScript 的步骤如下：

● 利用任何编辑器（如 Dreamweaver 或记事本）创建 HTML 文档。

● 在页面中通过<script>标签嵌入 JavaScript 代码。

● 将 HTML 文档保存为扩展名是 ".html" 的文件，然后使用浏览器可以查看该网页 JavaScript 的运行效果。

实例 1 在网页中通过使用 JavaScript 输出 "hello World!"。

实例代码（代码位置：08\8-1.html）

```
<html>
<head>
    <title>第一个 JavaScript</title>
```

```
<script language="javascript">
        document.write("Hello World! ");
    </script>
</head>
<body></body>
</html>
```

在浏览器中的预览效果如图 8.2 所示。

图 8.2　通过<Script>标签嵌入 JavaScript 代码

注意：Document 对象的 write（）方法的主要功能是在网页上输出内容。

根据 JavaScript 的位置不同，使用方式分为以下三种。

● HTML 页面内嵌 JS 代码，如实例 1 所示
● 内嵌 JS 代码
● 外部 JS 文件

使用外部 JS 文件的主要作用是代码重用，可以将一些通用的 JS 函数在多个 HTML 文档之间实现共享，在减少代码冗余的同时也便于修改。当 JavaScript 脚本比较复杂或代码过多时，可保存为以 ".js" 为后缀的文件，并通过<script>标签把 ".js" 文件导入到 HTML 文档中。

其语法格式如下：

```
<script type="text/javascript" src="url"></script>
```

其中：Type：表示引用文件的内容类型。Src：指定引用的 JavaScript 文件的 URL，可以是相对路径或绝对路径。

实例 2 将实例 1 做适当修改，通过<script>标签引用 test.js 文件，并输出相应的内容。

实例代码（代码位置：08\8-2.html）

```
<html>
<head>
<title>第一个 JavaScript</title>
<script type="text/javascript" src="test.js"></script>
</head>
<body></body>
</html>
```

对应的 test.js 文件代码如下：

实例代码（代码位置：08\ test.js）

```
document.write("Hello World! ");
```

在浏览器中的预览效果如图 8.3 所示。

图 8.3　通过<Script>标签引用 JS 文件

● 简短缩写方式。

结合事件编写简短 javaScript 脚本。

```
<input name="btn" type="button" value="弹出消息框"  onclick="javascript:alert('欢迎你
');"/>
```

实例代码（代码位置：08\ 8-3.html）

```
<html xmlns="http://www.w3.org/1999/xhtml">
<head>
<meta http-equiv="Content-Type" content="text/html; charset=gb2312" />
<title>弹出消息框</title>
</head>

<body>
<input name="btn" type="button" value="弹出消息框"  onclick="javascript:alert('欢迎你
');"/>
</body>
</html>
```

在浏览器中的预览效果如图 8.4 所示。

图 8.4　简短缩写方式

8.1.3　脚本的执行原理

在脚本的执行过程中，浏览器客户端与应用服务器采用请求/响应模式进行交互，如图 8.5 所示。

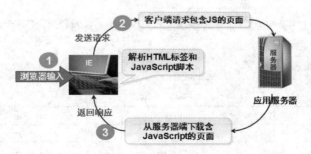

图 8.5　脚本执行原理

● 用户通过浏览器发出访问请求；
● 向服务器请求某个包含脚本的页面，浏览器把请求消息发送到应用服务器，等待服务器的
响应；

● 应用服务器向浏览器发送响应消息，把含脚本的页面发送到浏览器客户端，然后由浏览器解析 HTML 标签和 javaScript 脚本，并显示页面效果给用户。

8.2 JavaScript 基础语法

JavaScript 语言同其他编程语言一样，有其自身的数据类型、表达式、运算符及基本语句结构。如图 8.6 所示。

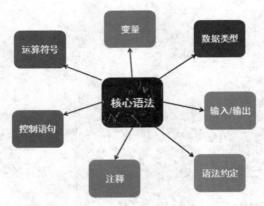

图 8.6 JavaScript 核心语法

8.2.1 变量

变量是指程序中一个已经命名的存储单元，其主要作用是为数据操作提供存放数据的容器。变量用关键字 var 进行声明，其语法格式如下：

```
var 变量1[，变量2，....];
```

例如：

```
var width;
```

在声明变量的同时可以为变量赋初值。例如：

```
var width=4;
```

在 JavaScript 中变量的命名规则与其他语言类型类似，并且严格区分大小写；同时变量名不能使用 JavaScript 中的保留关键字。

JavaScript 关键字如表 8.1 所示。

表 8.1　　　　　　　　　　　　　　　　JavaScript 关键字

break	do	if	switch	typeof	case	with
else	in	this	var	catch	false	delete
instanceof	throw	void	continue	finally	new	function
true	while	default	for	null	try	return

　在对变量命名时，为了使代码更加规范，最好使用有意义的变量名称，以增加程序的可读性，进而减少错误的发生。

8.2.2　数据类型

JavaScript 是一种弱类型的语言，变量的类型不像其他语言一样在声明时直接指定，对于同一变量可以赋不同类型的值。类如：

```
<script language="javascript">
   var x=100;
   x="javascript";
</script>
```

在上述代码中，变量 x 在声明的同时被赋予了初始值 100，此时 x 的类型为数值型。而后面的代码又给变量 x 赋予了一个字符串类型的值，此时 x 又变成了字符串类型的变量。这种赋值方式在 JavaScript 中都是允许的。

JavaScript 中有几种数据类型，如表 8.2 所示。

表 8.2　数据类型

数据类型	说明
数据型	JavaScript 语言本身并不区分整型和浮点型数值，所有在内部都由浮点型表示
字符串类型	使用单引号或双引号括起来的 0 个或多个字符
布尔型	布尔型常量只有两种值，即 true 或 false
函数	JavaScript 函数是一种特殊的对象数据类型，因此函数可以被存储在变量、数组或对象中。此外，函数还可以作为参数传递给其他函数
对象型	已命名数据的集合，这些已命名的数据通常被作为对象的属性引用。常用的对象有 string、date、math、array 等
null	是 JavaScript 中的一个特殊值，它表示"无值"，它和 0 不同
undefined	表示该变量尚未被声明或未被赋值，或者使用了一个并不存在的对象属性

可以通过 typeof 检测变量的返回值，typeof 运算符返回值如下：

- undefined：变量被声明后，但未被赋值
- string：用单引号或双引号来声明的字符串
- boolean：true 或 false
- number：整数或浮点数
- object：javaScript 中的对象、数组和 null

实例代码（代码位置:08\8-4.html）

```
<script type="text/javascript">
document.write("<h2>对变量或值调用 typeof 运算符返回值: </h2>");
var width,height=10,name="rose";
var arrlist=new Date();
document.write(typeof(width)+"<br>");
document.write(typeof(height)+"<br>");
document.write(typeof(name)+"<br>");
document.write(typeof(true)+"<br>");
document.write(typeof(null)+"<br>");
document.write(typeof(arrlist));
</script>
```

在浏览器中的预览效果如图 8.7 所示。

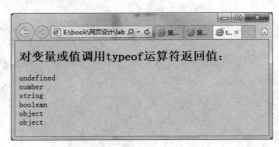

图 8.7　typeof 运算符

8.2.3　注释

在 JavaScript 中有下面两种注释方法：

● 单行注释

● 多行注释

单行注释使用 "//" 符号进行标识，其后的文字不被程序解释执行。其语法格式如下：

//这是单行程序代码的注释

多行注释使用 "/*.....*/" 进行标识，其中的文字同样不被程序解释执行，其语法格式如下：

/*

这是多行程序注释

*/

注意：多行注释中可以嵌套单行注释，但不能嵌套多行注释。

8.2.4　运算符

JavaScript 中的运算符主要分为算术运算符、赋值运算符、比较运算符和逻辑运算符 4 类。这些运算符的用法和 C 语言中的运算符类似。如表 8.3 所示。

表 8.3　　　　　　　　　　　常用运算符

类型	运算符
算术运算符	+、-、*、/、%、++、--
赋值运算符	=
比较运算符	>、<、>=、<=、==、!=
逻辑运算符	&&、||、!

8.2.5　流程控制

JavaScript 程序通过控制语句来执行程序流，从而完成一定的任务。程序流是由若干条语句组成的。JavaScript 中的控制语句有以下几类。

● 分支结构：if-else/switch

● 迭代结构：while、do-while、for

● 转移语句：break、continue、return

1.　分支结构

分支结构是根据假设的条件成立与否，再决定执行什么样语句的结构，它的作用是让程序更具有选择性。JavaScript 语言中提供的分支结构如下：

（1）if-else 语句。

if-else 语句是最常用的分支结构。if-else 语句的语法结构如下：

```
if(条件)
{
    //JavaScript 代码;
}
else
{
    //JavaScript 代码;
}
```

实例 5，任意输入两个整数，分别输出其中的最大值与最小值。

实例代码（代码位置：08\ 8-5.html）

```
<html>
 <head>
  <title> if-else分支 </title>
 </head>
 <body>
 <script language="javascript">
 //第一个数
 var oper1 = prompt('请输入第一个数','');
 //第二个数
 var oper2 = prompt('请输入第二个数','');

 var maxNum = oper1;
 var minNum = oper2;
 if(oper2 > oper1){
     maxNum = oper2;
     minNum = oper1;
 }
 document.write('最大值为:'+maxNum);
 document.write('<br/>')
 document.write('最小值为:'+minNum);

 </script>
 </body>
</html>
```

在上述代码中，利用 prompt（）函数手工输入两个数，例如分别输入 3 和 4，然后比较两个数的大小，比较的结果最终由 document.write()输出到页面上。

在浏览器中的预览效果如图 8.8 所示。

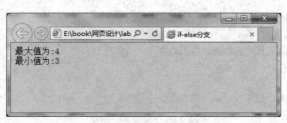

图 8.8　比较两个数的大小

（2）switch 语句。

一个 switch 语句由一个控制表达式和一个由 case 标志表述的语句块组成。语法如下：

```
switch (表达式)
{       case 常量1：
        JavaScript 语句1；
        break；
    case 常量2：
        JavaScript 语句2；
        break；
    ...
    default：
        JavaScript 语句3；
}
```

- switch 语句把表达式返回的值依次与每个 case 子句中的值相比较。如果遇到匹配的值，则执行该 case 后面的语句块。
- 表达式的返回值类型可以使字符串、整型、对象类型等任意类型。
- case 子句中的值 valueN 可以是任意类型（例如字符串），而且所有 case 子句中的值应是不同的。
- default 子句是可选的。
- break 语句用来在执行完一个 case 分支后，使程序跳出 switch 语句，即终止 switch 语句的执行，而在一些特殊情况下，多个不同的 case 值执行一组相同的操作，这时可以不用 break。

实例 6 switch 语句的用法。

实例代码（代码位置：08\ 8-6.html）

```
<html xmlns="http://www.w3.org/1999/xhtml">
<head>
<meta http-equiv="Content-Type" content="text/html; charset=gb2312" />
<title>JavaScript 的 SwitchCase 语句</title>
</head>
<body >
<script type="text/javascript">
    document.write("a.南昌<br>");
        document.write("b.北京<br>");
        document.write("c.南京<br>");

        var city = prompt("请选择您学校所在的城市或地区（a、b、c）","");
        switch(city)
        {
            case "a":
            alert("您学校所在的城市或地区是南昌");
            break;
            case "b":
            alert("您学校所在的城市或地区是北京");
            break;
            case "c":
            alert("您学校所在的城市或地区是南京");
            break;
            default:
```

```
            alert("您选择的城市或地区超出了范围。");
            break;
        }
    </script>
    </body>
    </html>
```

在上述代码中，当用户输入不同的字符串时，程序通过与 case 值比较，然后用 alert（ ）函数输出对应的字符串。

在浏览器中的预览效果如图 8.9 所示。

图 8.9 switch-case 语句示例

2. 循环结构

循环结构的作用是反复执行一段代码，直到满足终止循环的条件为止。JavaScript 语言中提供的迭代结构如下：

- while 语句
- do-while
- for 语句
- for-in 语句

（1）while 语句

while 语句是常用的迭代语句，语法结构如下：

```
while(条件)
  {
  JavaScript 代码;
}
```

首先，while 语句计算表达式，如果表达式为 true，则执行 while 循环体内的语句；否则结束 while 循环，执行 while 循环体以后的语句。

实例 7 用于实现计算 1~100 之间的和。

实例代码（代码位置：08\8-7.html）

```
<script language="javascript">
    var i = 0;
    var sum = 0;
    while(i<=100){
        sum += i;
        i++;
    }
```

```
    document.write("1-100 之间的和为："+sum);
</script>
```

在浏览器中的预览效果如图 8.10 所示。

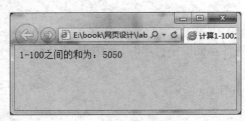

1-100之间的和为：5050

图 8.10   while 语句求和

（2）do-while 语句

do-while 语句用于循环只少执行一次的情形。语句结构如下：

```
do{
    Statement;
}while（condition）;
```

首先，do-while 语句执行一次 do 语句块，然后计算表达式，如果表达式为 true，则继续执行循环体内的语句；否则（表达式为 false），则结束 do-while 循环。

（3）for 语句

for 语句是最常见的迭代语句，一般用在循环次数已知的情形。for 语句结构如下：

```
for(初始化；条件；增量)
{
    JavaScript 代码；
}
```

实例 8 用于实现在页面上输出三角形。

实例代码（代码位置：08\ 8-8.html）

```
<html xmlns="http://www.w3.org/1999/xhtml">
<head>
<meta http-equiv="Content-Type" content="text/html; charset=gb2312" />
<title>打印三角形</title>
</head>
<body style="text-align:center;">
<script type="text/javascript">
var k=prompt("请输入打印的行数：","");
for(var i=1;i<=k;i++)
{
    for(var j=0;j<i;j++)
    {
        document.write("*   ");
    }
        document.write("<br/>");
}
</script>
</body>
</html>
```

上述代码使用嵌套 for 循环打印了一个三角形。输出结果如图 8.11 所示。

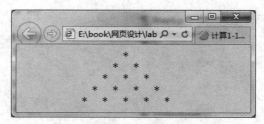

图 8-11　打印三角形

（4）for-in 语句

for-in 语句是 JavaScript 提供的一种特殊的循环方式，它用来遍历一个对象所有用户定义的属性或者一个数组的所有元素。for-in 的语法结构如下：

```
for(property in object)
{
    Statement;
}
```

- property 表示所定义对象的属性。每一次循环，属性被赋予对象的下一个属性名，直到所有的属性名都用过为止。当 Object 为数组时，property 指代数组的下标。
- object 表示对象或数组。

实例 9 用于实现数组的升序排列。

实例代码（代码位置：08\ 8-9.html）

```
<html>
<head>
<meta http-equiv="Content-Type" content="text/html; charset=gb2312" />
<title>for-in 的用法</title>
</head>

<body><script language="javascript">

  var a=[3,2,1,5,4];
  document.write("<li>排序前: "+a+"<br>");
  for(i in a)
    {
      for(m in a)
        {
            if(a[i]<a[m])
             {
                 var temp;
              //交换单元
                 temp=a[i];
              a[i]=a[m];
              a[m]=temp;
             }
        }
    }
  document.write("<li>排序后: "+a+"<br>");
</script>
</body>
</html>
```

在上述代码中使用冒泡排序来对数据进行升序排列，在浏览器中的预览效果如图 8.12 所示。

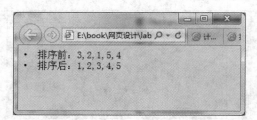

图 8.12　数组序列

3．转移语句

JavaScript 的转移语句用在选择结构和循环结构中，使程序员更方便地控制程序执行的方向。

● break 语句
● continue 语句

（1）break 语句

break 语句主要有以下两种作用：

● 在 switch 语句中，用于终止 case 语句序列，跳出 switch 语句。
● 在循环语句中，用于终止循环语句序列，跳出循环结构。

当 break 语句用于 for、while、do-while 或 for-in 循环语句中时，可使程序终止循环而执行循环后面的语句。通常 break 语句总是与 if 语句连在一起，即满足条件时便跳出循环。仍然以 for 语句为例来说明，其一般形式如下：

```
for（表达式 1；表达式 2；表达式 3）{
…………
if（表达式 4）
  break;
…………
}
```

其含义是，在执行循环体的过程中，如 if 语句中的表达式成立，则终止循环，转而执行循环语句之后的其他语句。

实例 10 用于演示 break 的用法。

实例代码（代码位置：08\ 8-10.html）

```html
<html>
<head>
<meta http-equiv="Content-Type" content="text/html; charset=gb2312" />
<title>break 的用法</title>
<script type="text/javascript">
var i=0;
for(i=0;i<=5;i++){
    if(i==3){
    break;
    }
  document.write("这个数字是："+i+"<br/>");
    }
</script>

</head>
<body>
</body>
</html>
```

在浏览器中的预览效果如图 8.13 所示。

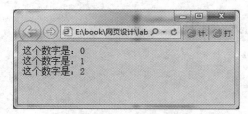

图 8.13　break 使用

（2）continue 语句

continue 语句用于 for、while、do-while 或 for-in 循环语句中时，常与 if 条件语句一起使用，用来加速循环。即满足条件时，跳过本次循环剩余的语句，强行检测判定条件以决定是否进行下一次循环。

以 for 语句为例，其一般形式如下

```
for（表达式 1；表达式 2；表达式 3）{
...........
if（表达式 4）
  continue;
...........
}
```

其含义是，在执行循环体的过程中，如 if 语句中的表达式成立，则终止当前迭代，转而执行下一次迭代。

实例 11 用于演示 continue 的作用。

实例代码（代码位置：08\ 8-11.html）

```html
<html>
<head>
<title>for-in 的用法</title>
<script type="text/javascript">
var i=0;
for(i=0;i<=5;i++){
    if(i==3){
                continue;
                }
  document.write("这个数字是: "+i+"<br/>");
    }
</script>
</head>
<body>
</body>
</html>
```

在浏览器中的预览效果如图 8.14 所示。

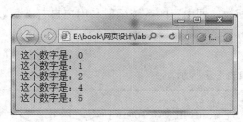

图 8.14　查找目标数字

8.2.6　常用的输入/输出

- alert()

```
alert("提示信息");
```

- prompt()

```
prompt("提示信息", "输入框的默认信息");
prompt("请输入姓名", "张三");
prompt("请输入姓名");
```

实例 12 根据输入的次数，多次输出"HelloWorld"

实例代码（代码位置：08\ 8-12.html）

```
<script type="text/javascript">
document.write("Hello World");
var j=prompt("请输入连续输出标题3的次数: ","");
for(var i=0;i<j;i++) {
        document.write("<h3>Hello World</h3>");
    }
document.write("<h1>Hello World</h1>");
alert("共连续输出标题: "+j+"次");
</script>
```

在浏览器中的预览效果如图 8.15 所示。

图 8.15　常用的输入/输出

8.3　函　　数

函数是完成特定功能的一段程序代码，函数为程序设计人员带来了很多方便，通常在进行一个复杂的程序设计时总是根据所要完成的功能将程序划分为一些相对独立的部分，每一部分编写一个函数，从而使程序结构清晰，易于阅读、理解和维护。

在 JavaScript 中有两种函数，即内置的系统函数和用户自定义函数。

8.3.1　内置函数

JavaScript 的内置函数如表 8.4 所示。

注意

表中的 alert（ ）、confirm（ ）、prompt（ ）函数实际上是 Window 对象的方法。

表 8.4　　　　　　　　　　　　　　　　常用函数

函数名	说明
alert	显示一个警告对话框，包括一个 OK 按钮
confirm	显示一个确认对话框，包括 OK，Cancel 按钮
prompt	显示一个输入对话框，提示用户等待输入
escape	将字符转换成 Unicode 码
evel	计算表达式的结果
parseFloat	将字符串转换成浮点型
parseInt	将字符串转换成整型
isNaN	测试是否不是一个数字
unescape	返回一个字符串编码后的结果字符串，其中，所有空格、标点及其他非 ACSII 码字符都用 "%xx"（xx 等于该字符对应的 Unicode 编码的十六进制数）格式的编码替换

下面重点介绍 alert、parseInt、parseFloat、isNaN 这四个函数。

1. alert 函数

alert 函数用于弹出对话框。其语法格式如下：

```
alert (value)
```

其中：value 可以是任意数据类型。

例如：alert（"hello "）；

2. parseFloat

该函数的语法格式如下：

```
parseFloat(string );
```

其中：参数 string 是必须的，表示要解析的字符串。

例如：parseFloat("1.2 ") 将字符串"1.2 "转换为浮点值 1.2

3. parseInt

该函数的语法格式如下：

```
parseInt(numstring);
```

其中：　numstring 是要进行转换的字符串。

例如：parseInt ("86")将字符串"86 "转换为整型值 86

4. isNaN

该函数的语法格式如下：

```
isNaN (x);
```

其中：当参数 x 不为数字时，该函数返回 true，否则返回 false。

实例 13 类型转换函数的应用

实例代码（代码位置：08\ 8-13.html）

```
<html xmlns="http://www.w3.org/1999/xhtml">
<head>
<meta http-equiv="Content-Type" content="text/html; charset=gb2312" />
<title>类型转换函数的应用</title>
</head>

<body>
<script type="text/javascript">
```

```
var op1=prompt("请输入第一个数: ","")
var op2=prompt("请输入第二个数: ","")
var p1=parseInt(op1);
var p2=parseInt(op2);
var result=p1+p2;
document.write(p1+"+"+p2+"="+result);

</script>
</body>
</html>
```

在浏览器中的预览效果如图 8.16 所示。

图 8.16　计算两数的和

　如果输入的数字合法，但不使用 parseInt 进行转换时，"+"运算符不会进行加法运算，而是进行两个输入值的字符串连接操作。

8.3.2　自定义函数

1. 无参函数

无参函数的语法格式如下：

```
function 函数名()
{
    JavaScript 代码;
}
```

2. 有参函数

有参函数的语法格式如下：

```
function 函数名(参数1,参数2, … )
{
    JavaScript 代码;
}
```

在自定义函数的时候需要注意以下事项

- 函数名必须唯一，且区分大小写。
- 函数命名的规定与变量命名的规则基本相同，以字母作为开头，中间可以包括数字、字母或下画线等。
- 参数可以使用常量、变量和表达式。
- 参数列表中有多个参数时，参数间以","隔开。
- 若函数需要返回值，则使用"return"语句。
- 自定义函数不会自动执行，只有调用时才会执行。
- 如果省略了 return 语句中的表达式，或函数中没有 return 语句，函数将返回一个 undefined 值。

3. 调用函数

函数调用一般和表单元素的事件一起使用，调用格式：

> 事件名="函数名( )";

实例 14 用于编写一个计算器，实现加、减、乘、除的功能，并能对操作数和操作符的有效性进行验证。

实例代码（代码位置：08\ 8-14.html）

```html
<html xmlns="http://www.w3.org/1999/xhtml">
<head>
<meta http-equiv="Content-Type" content="text/html; charset=gb2312" />
<title>编写一个带有两个变量和一个运算符的函数，调用时接收 prompt 输入</title>
<script language="javascript" type="text/javascript">
function account()
{
    var op1=prompt("请输入第一个数：","");
    var op2=prompt("请输入第二个数：","");
    var sign=prompt("请输入运算符号","")
    var result;
    opp1=parseFloat(op1);
    opp2=parseFloat(op2);
    switch(sign)
    {
        case "+":
        result=opp1+opp2;
        alert("两数运算结果为："+result);
        break;
        case "-":
        result=opp1-opp2;
        alert("两数运算结果为："+result);
        break;
        case "*":
        result=opp1*opp2;
        alert("两数运算结果为："+result);
        break;
        default:
        result=opp1/opp2;
        alert("两数运算结果为："+result);
        break;
    }
}
</script>
</head>

<body>
<input name="btn" type="button" value="计算两数运算结果" onclick="account();" />
</body>
</html>
```

注意

该计算器还可以进行非法数操作、非法符操作和 0 做除数的验证。页面效果如图 8.17 所示。

图 8.17　自定义函数使用

8.4　实　践　指　导

8.4.1　实践训练技能点

1. 会使用 Dreamweaver 实现图文混编
2. 会使用 Dreamweaver 实现表格
3. 会使用 Dreamweaver 实现表单
4. 会使用 Dreamweaver 实现框架
5. 会使用 Dreamweaver 工具实现样式表

8.4.2　实践任务

任务 1

用户输入成绩，程序输出相应的成绩等级。要求成绩必须在 0~100 之间，否则提示错误并要求重新输入，等级分为优秀、良好、中等、及格和不及格。如图 8.18 和图 8.19 所示。

图 8.18　页面效果

图 8.19　输出相应结果

提示：

1. 使用 prompt()函数接收用户输入的成绩。
2. 使用 parseInt()函数将输入字符串转换成整数。
3. 当用户输入的成绩不在 0~100 之间时，用 alert()函数提示录入错误，并接收新的输入。此过程需要通过 while 语句实现循环操作。
4. 使用 if 语句判断成绩的等级。

任务 2 基本块级元素

编写 JavaScript 代码，实现如图 8.20 所示的页面效果。

任务 3 简单计算器

根据提示输入操作数和被操作数（如图 8.21 所示），然后输入运算符（如图 8.22 所示），程序计算结果，然后弹出对话框输出表达式和结果，如图 8.23 所示。

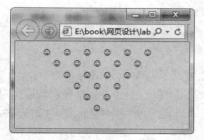

图 8.20　页面效果

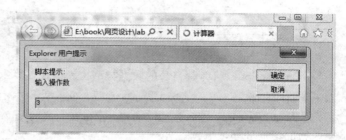

图 8.21　输入操作数

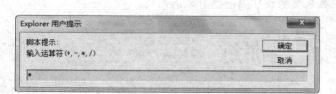

图 8.22　输入运算符

图 8.23　输出结果

任务 4

用户输入最喜欢的一天，程序输出相应的信息。

周一→今天是这个礼拜的第一天，要好好工作。

周二→今天是这个礼拜的第二天，怎么感觉好困。

周三→今天是这个礼拜的第三天，工作好忙啊。

周四→今天是这个礼拜的第四天，怎么还没到周末啊。

周五→今天是这个礼拜的第五天，明天休息，今天晚上可以玩个够了。

周六→今天休息啊，可以好好放松一下了！

周日→今天虽然也休息，但明天开始又要上班了。

不填→为什么不填周几呢？

页面效果如图 8.24 和图 8.25 所示。

图 8.24　输入

图 8.25　输出

小　　结

- JavaScript 语言有其自身的数据类型、表达式、算术运算符及基本语句结构。
- JavaScript 中有字符串类型、数值型、布尔型、对象型、unll 和 Undefined 等基本数据类型。
- JavaScript 是一种弱类型的语言，变量在定义时不必指明具体类型，对于同一变量可赋予不同类型的变量值。
- JavaScript 中的运算符主要分为算术运算符、比较运算符、逻辑运算符 3 类。
- JavaScript 常用的程序控制结构包括分支结构、迭代结构和转移语句。
- JavaScript 中有两种函数，即内置系统函数和用户自定义函数。

拓展训练

写一个双色球的程序，页面效果如图 8.26 所示。

逻辑：

红球：从 1~33 中，选取 6 个，不能够重复

蓝球：从 1~16 中，选取 1 个

要求：

单击 "begin"，红球按从小到大的顺序输出

提示：

Math.random()　生成[0，1]之间的随机数

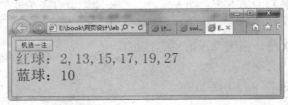

图 8.26　页面效果

第9章
JavaScript 对象

学习目标
- 掌握数组对象的创建方式
- 掌握数组对象常用方法的使用
- 掌握字符串对象常用方法的使用
- 掌握日期对象常用方法的使用
- 了解数学对象常用方法的使用
- 掌握自定义对象的几种创建方式

9.1 JavaScript 核心对象

JavaScript 语言是一种基于对象（Object）的语言，对象是一种特殊的数据类型，它拥有属性和方法。JavaScript 核心对象主要有以下几种：
- 数组对象
- 字符串对象
- 日期对象
- 数学对象

9.1.1 数组对象

数组（Array）是编程语言中常见的一种数据结构，可以用来存储一系列的数据。数组中的各个元素可以通过索引进行访问，索引的范围是 0~length-1（length 为数组的长度）。

1. 创建数组

Array 对象表示数组，创建数组的方式有以下几种：

```
new Array();
```
//不带参数，返回空数组。length 属性值为 0。
```
new Array(size);
```
//数字参数，返回大小为 size 的数组。length 值为 size，数组中的所有元素初始化为 undefined。
```
new Array(e1,e2,...,eN);
```
//带多个参数，返回长度为参数个数的数组。length 值为参数的个数。

当把构造函数作为函数调用，不使用 new 运算符时，它的行为与使用 new 运算符时完全一样。

2. 数组的方法

Array 对象的主要方法及功能如表 9.1 所示。

表 9.1 Array 的方法及说明

方法名	功能说明
concat()	连接两个或更多的数组，并返回合并后的新数组
join()	把数组的所有元素放入一个字符串并返回此字符串。元素通过指定的分隔符进行
pop()	删除并返回数组的最后一个元素
push()	向数组的末尾添加一个或更多元素，并返回新的长度
reverse()	颠倒数组中元素的顺序
sort()	对数组的元素进行排序
toString()	把数组转换为字符串，并返回结果

"函数"和"方法"两个概念，对于对象或自定义对象内的函数都统一用"方法"一词，其他情况统称为"函数"。

实例 1，输入任意多个数，使用数组进行升序排列。

实例代码（代码位置：ch9/9-1.html）

```html
<html>
<head>
    <title>数组排序</title>
<script language="javascript">

//初始化数组对象
var array = new Array();
//调用初始化方法
init();
//打印排序后的结果
if(array.length==0){
  document.write("数组中无任何合法数值");
}else{
  document.write("排序前的结果为：<br/>");
  document.write(array+"<br/>");
  document.write("排序后的结果为：<br/>");
  document.write(array.sort(sortNumber));

}
//比较函数
function sortNumber(a,b)
{
    if(a<b){
        return -1;
    }
```

```
        else if(a==b){
            return 0;
        }
        else{
            return 1;
        }
}
//任意输入多个数值
function init(){
 while(true){
   var v = prompt("输入数值, 要结束时请输入'end'","");
   if(v == 'end'){
     break;
   }
   //输入的值为非数值型
   if(isNaN(v)){
     break;
   }
   array.push(parseFloat(v));
   }
}
</script>

</head>
<body>
</body>
</html>
```

首先创建了一个名为 array 的对象，通过调用 init()方法，输入任意多个数保存到该数组对象中。如果该数组的大小不为 0，则升序排序输出。

通过 IE 查看该页面,输入对话框每次接收一个整数,可以输入任意 5 个整数,最后输入"end"。例如输入以下数据 1、5、4、3、2、end,结果如图 9.1 所示。

图 9.1　数组排序

array 对象的 sort()方法对数组中的数值进行了升序排列，sort()方法的参数为排序规则。示例中传入 sortNumber 函数的引用，所以会按照 sortNumber 函数的返回值进行排序，规则如下：

- 若 a 小于 b，则返回-1；在排序后的数组中 a 应该出现在 b 之前。
- 若 a 等于 b，则返回 0；a 和 b 的位置不变。
- 若 a 大于 b，则返回 1；a 应该放在 b 的后面。

9.1.2　字符串对象

字符串是 JavaScript 中的一种基本的数据类型，字符串对象封装了一个字符串，并且提供了许多操作字符串的方法，例如分割字符串、改变字符串的大小写、操作子字符串等。

1. 创建字符串对象

创建一个字符串对象有几种方法。

（1）使用字面值

```
var myStr = "Hello,string!";
```

上述语句创建了一个名为 **myStr** 的字符串。

（2）new 创建方法

要创建一个对象，可以使用如下语句：

```
var strObj = new String("Hello,String!");
```

当使用 new 运算符调用 String()构造函数时，它返回一个新创建的 String 对象，该对象存放的是字符串"Hello,String!"的值。

2. 字符串方法及应用

String 对象提供了多个方法用于对字符串的操作，其主要方法及功能描述如表 9.2 所示。

表 9.2   String 对象的方法及描述

方法名	功能简述
charAt(索引)	获取索引位置的字符
concat(字符串)	合并多个字符串，组成新的字符串
indexOf(字符串)	在字符串中寻找指定的子串，并返回子串的起始位置
lastIndexOf(字符串)	在字符串中寻找指定的子串，并返回子串的终止位置
split(隔离字符,个数)	把字符串分割为字符串数组
substr(起始索引,长度)	获取字符串的"起始索引"位置至长度的字符
substring(索引 1,索引 2)	获取字符串中索引 1 到索引 2 之间的字符串
toLowerCase()	把字符串转换为小写
toUpperCase()	把字符串转换为大写
replace()	替换匹配的字串
anchor()	创建锚点

（1）charAt()方法

charAt()方法从字符串返回一个字符，其语法格式如下：

```
str.charAt(index)
```

其中：index：指明返回字符的位置索引，起始索引是 0。

实例 2 用于演示 charAt()和 substring()的使用方法。

实例代码（代码位置：ch9/9-2.html）

```
<HTML>
<BODY>
<SCRIPT LANGUAGE="JAVASCRIPT">
<!--
document.write("[1] " +  "Made In China".charAt(3) + "<br>")
document.write("[2] " + "我国是美丽的国家".charAt(2) + "<br>")
document.write("[3] " + "Made In China".substring(2, 4) + "<br>")
document.write("[4] " + "我国是美丽的国家".substring(2, 4) + "<br>")
document.write("[5] " + "Made In China".substring(2) + "<br>")
document.write("[6] " + "Made In Korea".substring(4, 2) + "<br>") //-->
</SCRIPT>
</BODY>
</HTML>
```

在浏览器中的预览效果如图 9.2 所示。

图 9.2　charAt 方法使用

（2）substring()方法

substring()方法用于截取子字符，其语法格式如下：

```
str.substring(start,stop)
```

其中：

● start：必需。非负整数，规定要提取的子串的第一个字符在 str 中的位置。

● stop：可选。非负整数，如果省略该参数，会返回 start 后的所有字符。

参见实例 2，效果如图 9.2 所示。

（3）indexOf 方法

indexof()方法从特定的位置起查找指定的字符串，其返回是查找到的第一个位置。如果在指定的位置后面找不到，则返回-1。其语法格式如下：

```
str.indexOf(string,index)
```

其中：

● string: 要查找的字符串。Index: 查找的起始位置。

● lastIndexOf()方法与 indexOf()方法类似，区别在于该方法是从字符串的指定位置向前搜索。

实例 3 用来演示 indexOf()和 lastIndexOf()的使用方法。

实例代码（代码位置：ch9/9-3.html）

```
<HTML>
<BODY>
<SCRIPT LANGUAGE="JAVASCRIPT">
<!--
  document.write("<h2> [1] " + "我国是个美丽的国家".indexOf("国") + "<p>")
 document.write("[2] " + "made in china".indexOf("a") + "<p>")
 document.write("[3] " + "我国是个美丽的国家".lastIndexOf("国") + "<p>")
 document.write("[4] " + "made in china".lastIndexOf("a") + "</h2>")
//-->
</SCRIPT>
</BODY>
</HTML>
```

在浏览器中的预览效果如图 9.3 所示。

图 9.3　indexOf 方法使用

（4）tolLowerCase()和 toUpperCase()方法

toLowerCase()方法是将给定的字符串中的所有字符串转换成小写字母，而 toUpperCase()方法与其作用相反，会全部转换成大写字母。其语法格式如下：

```
str.toLowerCase()
str.toUpperCase()
```

实例 4 用于演示 toLowerCase()和 toUpperCase()方法的用法。

实例代码（代码位置：ch9/9-4.html）

```
<HTML>
<BODY>
<SCRIPT LANGUAGE="JAVASCRIPT">
<!--

 document.write("<h2> [1] " + "Made In China".toUpperCase() + "<p>")
 document.write("[2] " + "Made In China".toLowerCase() + "</h2>")

//-->
</SCRIPT>
</BODY>
</HTML>
```

在上述代码中，分别使用 toLowerCase()和 toUpperCase()方法对字符串进行大小写转换。在浏览器中的预览效果如图 9.4 所示。

图 9.4　toLowerCase 方法使用

（5）split 方法

split() 方法用于把一个字符串分割成字符串数组。其语法格式如下：

```
stringObject.split(separator,howmany)
```

其中

- separator 必需。可以是字符串或正则表达式，从该参数指定的地方分割 stringObject。
- howmany 可选。该参数可指定返回的数组的最大长度。如果设置了该参数，返回的字符串不会多于这个参数指定的数组。如果没有设置该参数，整个字符串都会被分割，不考虑它的长度。
- 返回值，一个字符串数组。该数组是通过在 separator 指定的边界处将字符串 stringObject 分割成字符串创建的。返回的数组中的字符串不包括 separator 自身。

实例 5 用于演示 split()的使用方法。

实例代码（代码位置：ch9/9-5.html）

```
<HTML>
<BODY>
<SCRIPT LANGUAGE="JAVASCRIPT">
<!--

 var my_str1 = "Made+In+China"
 var my_str2 = my_str1.split("+")
```

```
document.write("[3] " + my_str2 + "<p>")

my_str1 = "Made In China"
my_str2 = my_str1.split(" ")
document.write("[4] " + my_str2 )
//-->
</SCRIPT>
</BODY>
</HTML>
```

在浏览器中的预览效果如图 9.5 所示。

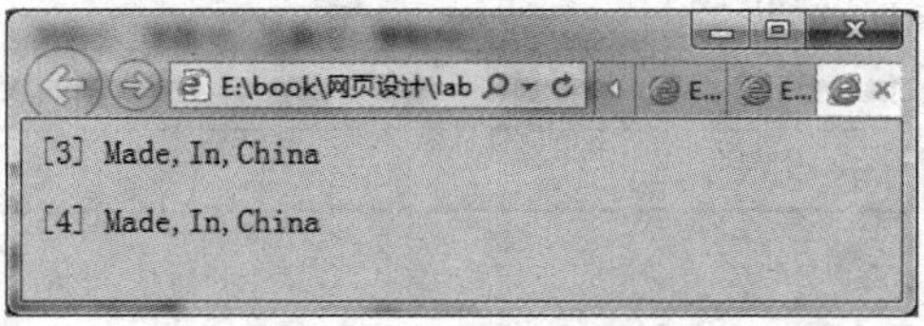

图 9.5　split 方法使用

9.1.3　日期对象

在 JavaScript 中提供了处理日期的对象和方法。通过日期对象便于获取系统时间，并设置新的时间。

1．创建日期对象

Date 对象表示系统当前的日期和时间。下列语句创建了一个 Date 对象：

```
var myDate = new Date();
```

此外，在创建日期对象时可以指定具体的日期和时间，语法格式如下：

```
var myDate = new Date('MM/dd/yyyy HH:mm:ss');
```

其中：

- MM：表示月份，其范围为 0（1 月）~11（12 月）。
- dd:表示日，其范围为 1~31。
- yyyy:表示年份，4 位数，如 2010。
- HH:表示小时，其范围为 0（午夜）~23（晚上 11 点）。
- mm:表示分钟，其范围为 0~59。
- ss:表示秒，其范围为 0~59。

例如：

```
var myDate = new Date('9/18/2014 10:00:00');
```

2．日期对象的方法

Date 对象提供了获取和设置日期或时间的方法，如表 9.3 所示。

表 9.3　　　　　　　　　　　　　　　Date 对象方法

方法	说明
getDate()	返回在一个月中的哪一天（1~1）
getDay()	返回在一个星期中的哪一天（0~6），其中星期天为 0
getHours()	返回在一天中的哪一个小时（0~23）
getMinutes()	返回在一小时中的哪一分钟（0~59）

方法	说明
getMonth()	返回在一年中的哪一月（0~11）
getSeconds	返回在一分钟中的哪一秒（0~59）
getFullYear()	以 4 位数字返回年份，如 2010
setDate()	设置月中的某一天（1~31）
setHours()	设置小时数（0~23）
setMinutes()	设置分钟数（0~59）
setSeconds()	设置秒数（0~59）
setFullYear()	以 4 位数字设置年份

实例 6 用于制作时钟特效。

实例代码（代码位置：ch9/9-6.html）

```
<script language="javascript" type="text/javascript">
function disptime()
{ var today = new Date(); //获得当前时间
 var hh = today.getHours();  //获得小时、分钟、秒
 var mm = today.getMinutes();
 var ss = today.getSeconds();
document.getElementById("myclock").innerHTML=hh+":"+mm+":"+ss;}
</script>
……
<body onload="disptime()">
<div id="myclock"></div>
……
```

实现思路如下：

首先创建一个日期实例 today；然后使用 Date 对象的 getHours()方法，getMinutes()方法和 getSeconds()方法获取当前时间的小时、分钟和秒；最后把当前时间显示在 id 为 myclock 的 div 中。在浏览器中的预览效果如图 9.6 所示。

图 9.6　制作时钟特效

3．定时函数

制作的时钟特效示例中，时间为什么不改变？

由于时间在不停地走，所以应该每隔 1 秒调用显示时间的方法，如何解决？

JavaScript 中提供了两个定时器函数，setTimeout()和 setInterval()，这两个函数可以实现时钟效果。

（1）setTimeout()用法

setTimeout()用于在指定的毫秒后调用函数或计算表达式，语法格式如下：

```
setTimeout("调用的函数", "指定的时间后")
```

例如：var　myTime = setTimeout("disptime( ) ", 1000);

（2）setInterval()方法

setInterval()可按照指定的周期（以毫秒计）来调用函数或计算表达式，语法格式如下：

```
setInterval("调用的函数", "指定的时间间隔")
```

例如：var　myTime = setInterval("disptime( ) ", 1000);

setTimeout()只执行 disptime()一次，如果要多次调用则使用 setInterval()让 disptime()自身再次调用 setTimeout()。

实例 7 将定时函数用于制作时钟特效。

实例代码（代码位置：ch9/9-7.html）

```
<!DOCTYPE html PUBLIC "-//W3C//DTD XHTML 1.0 Transitional//EN" "http://www.w3.org/
TR/xhtml1/DTD/xhtml1-transitional.dtd">
<html xmlns="http://www.w3.org/1999/xhtml">
<head>
<meta http-equiv="Content-Type" content="text/html; charset=gb2312" />
<title>时钟特效</title>
<script type="text/javascript">

function disptime(){
 var today = new Date(); //获得当前时间
 var hh = today.getHours();  //获得小时、分钟、秒
 var mm = today.getMinutes();
 var ss = today.getSeconds();
  /*设置 div 的内容为当前时间*/
 document.getElementById("myclock").innerHTML="<h1>现在是: "+hh+":"+mm+":"+ss+"<h1>";
  /*
  使用 setTimeout 在函数 disptime()体内再次调用 setTimeout
  设置定时器每隔 1 秒（1000 毫秒），调用函数 disptime()执行，刷新时钟显示
  var myTime=setTimeout("disptime()",1000);
*/
}
/*使用 setInterval()每间隔指定毫秒后调用 disptime()*/
var myTime = setInterval("disptime()",1000);

</script>
</head>

<body>
<div id="myclock"></div>
</body>
</html>
```

在浏览器中的预览效果如图 9.7 所示。

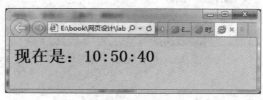

图 9.7　时钟特效

9.1.4 数学对象

Math 对象提供了一组在进行数学运算时非常有用的属性和方法。

Math.方法（参数....）

Math.属性

1. Math 对象的属性

Math 对象的属性是一些常用的数学常数，如表 9.4 所示。

表 9.4　　　　　　　　　　　　　　　常用 Math 属性

Math 属性	说明
E	自然对数的底
LN2	2 的自然对数
LN10	10 的自然对数
PI	圆周率的值
SORT1_2	0.5 的平方根
SORT2	2 的平方根

实例 8 演示了 Math 对象属性的用法。

实例代码（代码位置：ch9/9–8.html）

```
<HTML><HEAD>

</HEAD>
<BODY>
<SCRIPT language=JAVASCRIPT>
<!--
 document.write("<H2> [1] E :" + Math.E + "<p>")
 document.write("[2] LN2 :" + Math.LN2 + "<p>")
 document.write("[3] LN10 :" + Math.LN10 + "<p>")
 document.write("[4] SQRT1_2 :" + Math.SQRT1_2 + "<p>")
 document.write("[5] SQRT2 :" + Math.SQRT2 + "<p>")
 document.write("[6] PI :" + Math.PI + "</H2>")
//-->
</SCRIPT>
</BODY></HTML>
```

在浏览器中的预览效果如图 9.8 所示。

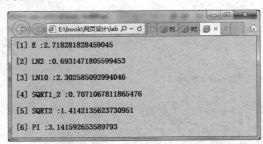

图 9.8　常用 Math 对象属性

2. Math 对象的方法

Math 对象的方法丰富，可直接引用这些方法来实现数学计算，常用的方法及说明如表 9.5 所示。

表 9.5	常用 Math 方法
math 方法	说明
sin()/cos()/tan()	分别用于计算数字的正弦/余弦/正切值
asin()/acos()/atan()	分别用于返回数字的反正弦/反余弦/反正切值
abs()	取数值的绝对值，返回数值对应的正数形式
ceil()	返回大于等于数字参数的最小整数，对数字进行上舍入
floor()	返回小于等于数字参数的最小整数，对数字进行下舍入
Exp()	返回 E（自然对数的底）的 x 次幂
log()	返回数字的自然对数
pow()	返回数字的指定次幂
random()	返回一个[0,1]之间的随机小数
sqrt()	返回数字的平方根

实例 9 演示了 Math 对象方法的用法。

实例代码（代码位置：ch9/9-9.html）

```
<HTML>
<BODY>

<SCRIPT LANGUAGE="JAVASCRIPT">
<!--
 document.write("<h2> [1] 最大值: " + Math.max(10, 20) + "<br>")
 document.write("[2] 最小值: " + Math.min(10, 20) + "<br>")
 document.write("[3] 向上取整: " + Math.ceil(7.8) + "<br>")
 document.write("[4] 向下取整: " + Math.floor(7.8) + "<br>")
 document.write("[6] 绝对值:" + Math.abs(-7) + "</h2>")
//-->
</SCRIPT>
</BODY>
</HTML>
```

在浏览器中的预览效果如图 9.9 所示。

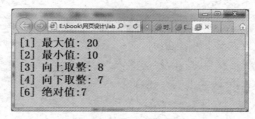

图 9.9　常用 math 对象方法

9.2　自定义对象

在 Javascript 中，除了使用 string、date 等对象之外，还可以创建自己的对象。对象是一种特殊的数据类型，并拥有一系列的属性和方法。

1. 对象的制作和使用

Javascript 是一种面向对象的语言。但它不是通过结构或类制作对象，而是通过制作函数生成对象。制作新的函数并申明将要传送的参数。此后，可以运用 this 通过后面的格式来进行设定。

```
function 函数名(参数1, 参数2……)
{
  this.名称1=参数1
  this.名称2=参数2
  …………
}
```

为了将函数制作成对象，可以使用 new 运算符

如：student1=new student("姓名",90,87,88)

实例 10 演示了自定义对象的用法。

实例代码（代码位置：ch9/9–10.html）

```html
<html>
<head>

<script language="JavaScript" >
<!--
  function student(name, chn, eng, mat)
   {
    this.name=name
    this.chn=chn
    this.eng=eng
    this.mat=mat
   }
 //-->
</script>
</head>

<body>
<script language="JavaScript" >
<!--
  pg=new student("苹果",78,80,65)
  xm=new student("小米",70,85,60)

  document.write("<h2>")
  document.write("姓名: "+ pg.name+"<br>")
  document.write("语文: "+ pg.chn+"<br>")
  document.write("英语: "+ pg.eng+"<br>")
  document.write("数学: "+ pg.mat+"<p>")
  document.write("姓名: "+ xm.name+"<br>")
  document.write("语文: "+ xm.chn+"<br>")
  document.write("英语: "+ xm.eng+"<br>")
  document.write("数学: "+ xm.mat+"<p>")
  document.write("</h2>")

//-->
</script>
</body>
```

```
</html>
```

在浏览器中的预览效果如图 9.10 所示。

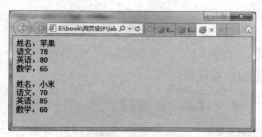

图 9.10　自定义对象

2. 在对象内设定方法

对象内除属性外还包含方法。若想建立方法，则必须申明参照函数的属性。

实例 11 演示了自定义对象的用法。

实例代码（代码位置：ch9/9-11.html）

```html
<html>
<head>

<script language="JavaScript" >
<!--
  function display()
   {
     document.write("姓名: "+this.name+"<br>")
     document.write("语文: "+this.chn+"<br>")
     document.write("英语: "+this.eng+"<br>")
     document.write("数学: "+this.mat+"<p>")
   }
  function student(name, chn, eng, mat)
   {
    this.name=name
    this.chn=chn
    this.eng=eng
    this.mat=mat
    this.dsp=display
   }


 //-->
</script>
</head>

<body>
<script language="JavaScript" >
<!--
  pg=new student("苹果",78,80,65)
  xm=new student("小米",70,85,60)

  document.write("<h2>")
  pg.dsp()
```

```
  xm.dsp()
  document.write("</h2>")

//-->
</script>
</body>
</html>
```

在浏览器中的预览效果如图 9.11 所示。

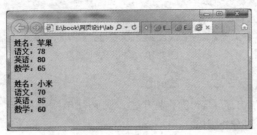

图 9.11　在对象内设定方法

3. 将对象作为对象属性使用

实例 12 演示了自定义对象的用法。

实例代码（代码位置：ch9/9-12.html）

```
<html>
<head>

<script language="JavaScript" >
<!--
  function display()
  {
    document.write("姓名: "+this.name+"<br>")
    document.write("语文: "+this.score.chn+"<br>")
    document.write("英语: "+this.score.eng+"<br>")
    document.write("数学: "+this.score.mat+"<p>")
  }
  function score(chn, eng, mat)
  {
   this.chn=chn
   this.eng=eng
   this.mat=mat
  }
  function student(name,score )
  {
   this.name=name
   this.score=score
   this.dsp=display
  }


 //-->
</script>
</head>
```

```
<body>
<script language="JavaScript" >
<!--
  pg_score=new score(78,80,65)
  xm_score=new score(70,85,60)

  pg=new student("苹果",pg_score)
  xm=new student("小米",xm_score)

  document.write("<h2>")
  pg.dsp()
  xm.dsp()
  document.write("</h2>")

//-->
</script>
</body>
</html>
```

在浏览器中的预览效果如图 9.12 所示。

图 9.12　将对象作为对象属性使用

Javascript 对象创建还有 JSON 方法、原型方法和混合方法等。

9.3　事　件

9.3.1　JavaScript 的事件

用户敲击键盘或单击鼠标按钮时，便会发生"事件"。所以说，事件是指特定动作发生时产生的信号。常用的事件如表 9.6 所示。

表 9.6　　　　　　　　　　　　　　　JavaScript 的事件

事件	处理事件	说明
abort	onAbort	终止读取图像时发生
blur	onBlur	当输入样式区块失去焦点，变得模糊时发生
change	onChange	当输入样式区块的属性发生改变时发生
click	onClick	在输入样式区块中按下鼠标时发生
dblblick	onDbClick	双击鼠标时发生

事件	处理事件	说明
error	onError	当 JavaScrip 发生错误，终止读取文件或数据时发生
focus	onFocous	当输入样式区块变成聚焦时发生
keydown	onKeyDown	按下键盘的按键时发生
keypress	onKeyPress	敲击键盘暂停时发生
keyup	onKeyUp	当放开键盘的按钮时发生
load	onLoad	读取浏览器内文件时发生
mousedown	onMouseDown	按下鼠标按钮时发生
mousemove	onMouseMove	移动鼠标位置时使用
mouseout	onMouseOut	当鼠标从链接或者区块移开时发生
mouseover	onMouseOver	当鼠标位于链接上时发生
mouseup	onMouseUp	当释放鼠标按键时发生
move	onMove	移动框架或窗口时发生
reset	onReset	重设输入样式时发生
resize	onResize	改变窗口大小时发生
select	onSelect	选择表单的一个区块时发生
unload	onUnload	关闭浏览器的文件时发生

1. <body>标记的事件

<body>标记内包含的事件有 OnLoad 事件和 OnUnload 事件。

实例 13 演示了 Load 事件的用法。

实例代码（代码位置：ch9/9-13.html）

```
<HTML>
<HEAD>
<SCRIPT LANGUAGE="JAVASCRIPT">
<!--
 function msg(sel)
 {
  if (sel == true)
   alert("打开主页.")
  else
   alert("关闭主页.")
 }
//-->
</SCRIPT>
</HEAD>
<body OnLoad="msg(true)" OnUnload="msg(false)">
主页没有内容.
</BODY>
</HTML>
```

在浏览器中的预览效果如图 9.13 所示。

图 9.13　OnLoad 事件

2. onclick 事件

实例 14 演示了 onclick 事件的用法。

实例代码（代码位置：ch9/9-14.html）

```
<HTML>
<HEAD>
<SCRIPT LANGUAGE="JAVASCRIPT">
<!--
function btn_click()
{
 alert("你好！傻瓜！")
}
-->
</SCRIPT>
</HEAD>
<BODY>
<FORM>
<INPUT TYPE="button" VALUE="请按下按钮." onClick="btn_click()">
</FORM>

</H3>
</BODY>
</HTML>
```

在浏览器中的预览效果如图 9.14 所示。该方法只有在鼠标单击按钮事件之后才会触发。

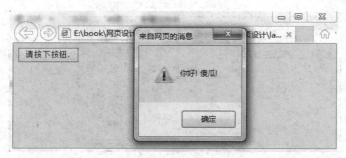

图 9.14　click 事件

3. OnError 事件

读取 HTML 文件时，若发生错误，则使用 OnError 进行处理，如表 9.7 所示。

表 9.7	OnError 事件
变量	说明
errorMessage	错误字符串
url	URL 地址
line	发生错误的命令行的序号

实例 15 演示了 OnError 事件的用法。

实例代码（代码位置：ch9/9–15.html）

```
<HTML>
<HEAD>
<SCRIPT LANGUAGE="JAVASCRIPT">
<!--
function err_Handler(errorMessage, url, line)
{
 var str = "错误信息 : " + errorMessage + "\n"
    str += "错误发生的行的位置 : " + line + "\n"
    str += "URL : " + url
 alert(str)

 return true
}

 window.onError = err_Handler
//-->
</SCRIPT>
</HEAD>
<BODY>
若按按钮，则发生错误。
<FORM>
  <INPUT TYPE="button" VALUE="按钮" onClick="test_Error()">
</FORM>
</BODY>
</HTML>
```

在浏览器中的预览效果如图 9.15 所示。

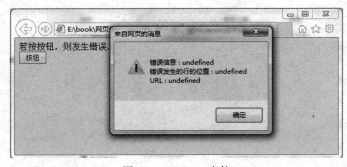

图 9.15　OnError 事件

4. onmouseover

onmouseover 事件会在鼠标指针移动到指定的对象上时发生。

```
onmouseover="SomeJavaScriptCode"
```

其中 SomeJavaScriptCode 为必需，它规定该事件发生时执行的 JavaScript。

实例 16 将在网页上添加一个用作连接按钮的图像，然后我们会添加 onMouseOver 和 onMouseOut 事件，这样就可以在运行两个 JavaScript 函数来切换两幅图像。

实例代码（代码位置：ch9/9−16.html）

```html
<html>
<head>
<script type="text/javascript">
function mouseOver()
{
document.getElementById('b1').src ="images/1.gif"
}
function mouseOut()
{
document.getElementById('b1').src ="images/2.gif"
}
</script>
</head>

<body>
<a href="http://www.baidu.com"
onmouseover="mouseOver()" onmouseout="mouseOut()">
<img alt="Visit W3School!" src="images/2.gif" id="b1" />
</a>
</body>
</html>
```

在浏览器中的预览效果如图 9.16 和图 9.17 所示。

图 9.16　鼠标移动到图片上方

图 9.17　鼠标移出图片

9.4　实　践　指　导

9.4.1　实践训练技能点

1. 会使用数组对象常用方法
2. 会使用字符串对象常用方法
3. 会使用日期对象常用方法
4. 会数学对象常用方法的使用
5. 会创建自定义对象

9.4.2 实践任务

任务 1 制作 12 小时的时钟

需求说明

- 显示年、月、日
- 显示星期几
- 显示时钟特效，时钟为 12 小时进制

实现思路

- 使用 getFullYear()获得当前年份
- 使用 getMonth()+1 获得当前月份
- 使用 getDate()获得当前日期
- 根据 getHours()获得的小时，使用 if 语句判断当前时间是否大于 12
- 使用 getDay()获取当前表示星期几的数字，然后使用 switch 设置当前星期几
- 页面效果如图 9.18 所示。

图 9.18　页面效果

任务 2 实现一个小型计算器

运用各种运算方法结合前面的知识制作一个简易的计算器。页面效果如图 9.19 所示。

提示：本题使用按钮被用户单击后执行函数的方法，所有的按钮都执行 start（）函数，通过向 start 函数传递不同的参数完成不同功能。在函数体内部可以通过 switch 条件分支进行判断，执行不同的运算，最后将结果存放在文本框中。

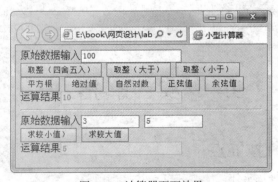

图 9.19　计算器页面效果

任务 3 制作简单的网页动画

setInterval（）方法可用于图片、文字等元素的移动。利用该方法间隔显示不同的文字，如图 9.21 和图 9.22 所示。可以使指定 div 元素动态改变宽度，如图 9.20 和图 9.21 所示。

图 9.20　简单动画页面效果

图 9.21　单击开始按钮后

提示：设置 2 个按钮，分别控制 setInterval（ ）方法的启动与清除，单击"开始"按钮后，页面效果如图 9.21 所示。

图 9.22　文字切换和停止效果

小　　结

- JavaScript 对象是由属性和方法构成的。
- 常用的 JavaScript 对象有 Array、String、Date 和 Math 等。
  - 数组是常用的一种数据结构，可以用来存储一系列的数据。
  - 字符串对象封装了一个字符串类型的值，并且提供了相应的操作字符串的方法。
  - Date 日期对象可用来获取系统时间，并设置新的时间。
  - Math 对象提供了一些用于数学运算的属性和方法 。
- 根据 JavaScript 的对象扩展机制，用户可以自定义 JavaScript 对象。

拓展训练

1. 根据当前时间显示问候语，页面效果如图 9.23 和图 9.24 所示。

提示：时间在 13 点-18 点输出下午好，19 点-23 点输出晚上好，其他时间输出上午好。

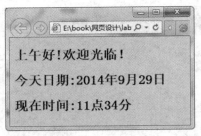

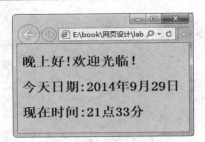

图 9.23　上午好页面效果　　　　　　　　　图 9.24　晚上好页面效果

2. 编写一个程序能够显示当前日期，还可以根据需要进行计算，实现如图 9.25 所示的页面效果。

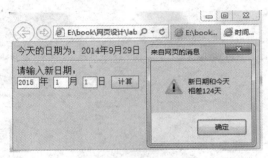

图 9.25　时间计算程序

3. 制作个人所得税计算器，页面效果如图 9.26 所示。

● 所得税计算的方式：(月收入-起征额)*所得税率

● 征税方法：小于 1000 元免征；1000 元到 3000 元税率为 0.1，超过 3000 元税率为 0.5。

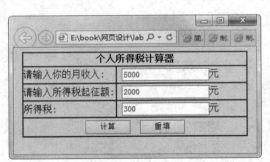

图 9.26　个人所得税计算器

第10章
DOM 编程

学习目标

- 理解 DOM 的概念和结构组成
- 掌握 Window 对象属性、方法及事件的使用
- 掌握 document 对象属性和方法的使用
- 掌握表单对象属性、方法及事件的使用
- 理解其他 DOM 对象的常用属性、方法及事件

HTML 文档对象模型（HTML DOM）定义了一套标准方法来访问和操纵 HTML 文档。DOM（Document Object Model）由万维网联盟（W3C）定义，这样使用 JavaScript 就可以控制整个网页。

浏览器是用于显示 HTML 文档内容的应用程序，浏览器还提供了一些可以在 JavaScript 脚本中访问和使用的对象。浏览器对象是一个分层结构，也称为文档对象模型，如图 10.1 所示。

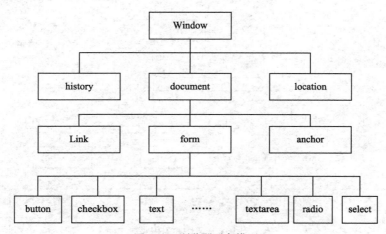

图 10.1 浏览器对象模型

实例 1 采用 Window 对象实现弹出窗口。

实例代码（代码位置：ch10\10-1.html）

```
<script  type="text/javascript">
 window.open("adv.html", "广告窗口", "toolbar=0, scrollbars=0, location=0, status=0,
menubar=0, resizable=0, width=707, height=275,top=200,left=150");
 /*
 width: 弹出窗口的宽度
 height: 弹出窗口的高度
```

```
top: 弹出窗口离屏幕顶部距离
left: 弹出窗口离屏幕左边距离
*/

</script>
```

页面效果如图 10.2 所示。

图 10.2　Window 对象实现弹出窗口

文档对象模型提供了一组按树状形式结构组织的 HTML 文档，树状结构中的每一个对象称为一个节点，每一个对象都有一个或多个属性和方法，如图 10.3 所示。

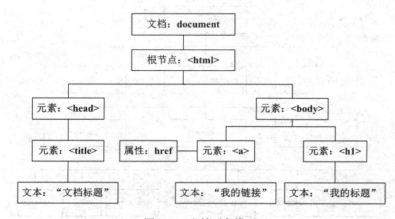

图 10.3　文档对象模型

实例 2 采用 DOM 改变超链接。

实例代码（代码位置 ch10\10-2.html）

```
<html xmlns="http://www.w3.org/1999/xhtml">
<head>
<meta http-equiv="Content-Type" content="text/html; charset=gb2312" />
<title>使用 DOM 改变链接</title>
<script  type="text/javascript">
function changeLink(){
document.getElementById("node").innerHTML="<h1>淘宝</h1>";
```

```
document.getElementById("node").href="http://www.taobao.com";
}
</script>
</head>

<body>
<a href="http://wwww.jd.com.cn" id="node"><h1>京东</h1></a>
<input name="btn" type="button" value="使用 DOM 改变链接" onclick="changeLink();" />
</body>
</html>
```

页面效果如图 10.4 所示。

图 10.4　采用 DOM 改变超链接

Window 对象是最顶层对象，Window 对象就是指浏览器窗口本身。对于每一个页面，浏览器都会自动创建 Window 对象、document 对象、location 对象、navigator 对象和 history 对象等。

- Window 对象在层次图中位于最高一层，document 对象、history 对象和 location 对象都是它的子对象，Window 对象中包含的属性是应用于整个窗口的，如在框架集结构中，每个框架都包含一个 Window 对象。
- document 对象在层次图中位于最核心地位，页面上的对象都是 document 对象的子对象，在 document 对象中包含的属性是整个页面的属性，如背景颜色等。
- location 对象中包含了当前 URL 地址的信息。
- navigator 对象中包含了当前使用的浏览器的信息。
- history 对象中包含了客户端浏览器过去访问的 URL 地址信息。

基于该层次结构，可以创建其他对象。例如在网页中有一个名为"myForm"的表单对象，则在 JavaScript 中引用方式为 window.document.myForm。这样从最顶层对象开始，可以一层一层找到相应的对象。

10.1　Window 对象

Window 对象表示一个浏览器窗口或一个框架。每个载入浏览器的 HTML 文档都会成为 document 对象。运用 document 对象，可在 JavaScript 中对 HTML 页面中的所有元素进行访问。

10.1.1　常用的属性

Window 对象的常用属性如表 10.1 所示。

表 10.1   Window 对象的常用属性

名称	说明
screen	有关客户端的屏幕和显示性能的信息
history	有关客户访问过的 URL 的信息
location	有关当前 URL 的信息

10.1.2 常用的方法

Window 对象的常用方法如表 10.2 所示。

表 10.2   Window 对象的常用方法

名称	说明
prompt	显示可提示用户输入的对话框
alert	显示带有一个提示信息和一个确定按钮的警示框
confirm	显示一个带有提示信息、确定和取消按钮的对话框
close	关闭浏览器窗口
open	打开一个新的浏览器窗口,加载给定 URL 所指定的文档
setTimeout	在指定的毫秒数后调用函数或计算表达式
setInterval	按照指定的周期(以毫秒计)来调用函数或表达式

在 JavaScript 中,方法的使用格式如下。

```
window.方法名();
```

由于 Window 对象表示当前窗口对象,是一个全局对象,因此可以把当前窗口对象的方法当作函数来使用,省略 Window,比如 alert(),而不使用 window.alert()。

1. confirm()

confirm()将弹出一个确认对话框,语法格式为:

window.confirm("对话框中显示的纯文本");

例如,confirm("确认要删除此条信息吗?"),在页面上弹出如图 10.5 所示的对话框。

在 confirm()弹出的确认对话框中,有一条提示信息,一个"确认"按钮和一个"取消"按钮。如果用户单击"确认"按钮,则 confirm()返回 true;如果单击"取消"按钮,则 confirm()返回 false。

图 10.5 确认对话框

在用户单击"确定"按钮或"取消"按钮把对话框关闭之前,它将阻止用户对浏览器的所有操作。在调用 confirm()时,将暂停对 JavaScript 代码的执行,在用户作出响应之前,不会执行下一条语句。

实例 3 用于演示 confirm()和 alert()的使用方法。

实例代码(代码位置:10\10-3.html)

```html
<html>
<head>
<meta http-equiv="Content-Type" content="text/html; charset=gb2312" />
<title>无标题文档</title>
<script type="text/javascript">
```

```
var flag=confirm("确认要删除此条信息吗?");
if(flag==true){
   alert("删除成功!");
}
else{
   alert("你取消了删除");
}</script>
</head>
<body>
</body>
</html>
```

在浏览器中运行上面的代码,如果单击"确认"按钮则弹出如图 10.6 所示的对话框,如果单击"取消"按钮将弹出如图 10.7 所示的对话框。

图 10.6　单击"确定"按钮　　　　　　　　　　图 10.7　单击"取消"按钮

- alert( )只有一个参数,仅显示警告框的消息,无返回值,不能对脚本产生任何改变。
- prompt()有两个参数,是输入对话框,用来提示用户输入一些信息,单击"取消"按钮则返回 null,单击"确认"按钮则返回用户输入的值。
- confirm( )只有一个参数,是确认对话框,显示提示框的消息,"确定"按钮和"取消"按钮,单击"确定"按钮返回 true,单击"取消"按钮返回 false,因此常用于 if – else 结构。

2．open()

在页面上弹出一个新的浏览器窗口,弹出窗口的语法如下:

```
window.open("弹出窗口的url","窗口名称","窗口特征")
```

窗口的特征属性如表 10.3 所示。

表 10.3　　　　　　　　　　　　窗口的特征属性

名称	说明
height、width	窗口文档显示区的高度、宽度。以像素计
left、top	窗口的 x 坐标、y 坐标。以像素计
toolbar=yes｜no　｜1｜0	是否显示浏览器的工具栏。默认是 yes
scrollbars=yes｜no　｜1｜0	是否显示滚动条。默认是 yes
location=yes｜no　｜1｜0	是否显示地址栏段。默认是 yes
status=yes｜no　｜1｜0	是否添加状态栏。默认是 yes
menubar=yes｜no　｜1｜0	是否显示菜单栏。默认是 yes
resizable=yes｜no　｜1｜0	窗口是否可调节尺寸。默认是 yes
titlebar=yes｜no　｜1｜0	是否显示标题栏。默认是 yes
fullscreen=yes｜no　｜1｜0	是否使用全屏模式显示浏览器。默认是 no。处于全屏模式的窗口必须同时处于剧院模式

3. close( )

close( )方法用于关闭浏览器窗口,语法格式为:

```
window.close( );
```

10.1.3 常用的事件

其实 Window 对象有很多事件，比较常用的 Window 对象事件如表 10.4 所示。

表 10.4   Window 对象的常用事件

名称	说明
onload	一个页面或一幅图像完成加载
onmouseover	鼠标移到某元素之上
onlick	当用户单击某个对象时调用的事件句柄
onkeydowm	某个键盘按键被按下
onchange	域的内容被改变

实例 4 用来学习最常用的 Window 对象。

实例代码（代码位置 ch10\10-4.html）

```
<html xmlns="http://www.w3.org/1999/xhtml">
<head>
<meta http-equiv="Content-Type" content="text/html; charset=gb2312" />
<title>window对象演示例子</title>
<script type="text/javascript">
/*弹出窗口*/
function open_adv(){
    window.open("adv.html");
}
/*弹出固定大小窗口，并且无菜单栏等*/
function open_fix_adv(){

window.open("adv.html","","height=380,width=320,toolbar=0,scrollbars=0,location=0,status=0,menubar=0,resizable=0");
}
/*全屏显示*/
function fullscreen(){
    window.open("10-4.html","","fullscreen=yes");
}
/*弹出确认消息框*/
function confirm_msg(){
    if(confirm("你相信自己是最棒的吗？")){
        alert("有信心必定会赢，没信心一定会输！");
    }
}
/*关闭窗口*/
function close_plan(){
    window.close();
    }

</script>
</head>
```

```
<body>
<form action="" method="post">
  <p>
    <input name="open1" type="button" value="弹出窗口" onclick="open_adv()" /></p>
  <p><input name="open2" type="button" value="弹出固定大小窗口，且无菜单栏等" onclick=
"open_fix_adv()"/></p>
  <p><input name="full" type="button" value="全屏显示" onclick="fullscreen()"/></p>
  <p><input name="con" type="button" value="打开确认窗口" onclick="confirm_msg()"
/></p>
  <p><input name="c" type="button" value="关闭窗口" onclick="close_plan()"/></p>
</form>
</body>
</html>
```

本实例主要采用 Window 对象的事件、方法与前面学习的函数结合等知识实现了弹出窗口，全屏显示页面，打开确认窗口和关闭窗口的功能。首先创建不同的函数实现各个功能，然后通过各个按钮的单击事件来调用对应的函数，实现弹出窗口、全屏显示等功能。在浏览器中可以看到如图 10.8 所示的页面效果。

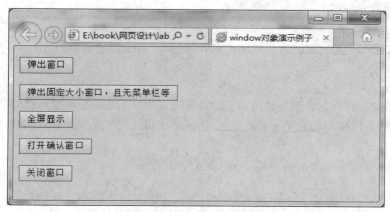

图 10.8　Window 对象应用实例

- 用户单击"弹出窗口"按钮时，调用 open_adv()函数，这个函数会调用 window.open()方法打开新窗口，显示广告页面。由于 open()方法只设定了打开窗口的页面，而没有对窗口名称和窗口特征进行设置，因此打开的窗口和通常大家在浏览器中打开的窗口一样。
- 用户单击"弹出固定大小窗口，且无菜单栏等"按钮时，同样调用了 open()方法，但是此方法对弹出窗口的大小，是否有菜单栏、地址栏等进行了设置，即弹出的窗口大小固定，不能改变窗口大小，没有地址栏、菜单栏，工具栏等。
- 单击"全屏显示"按钮，调用了 open()方法，设置了全屏显示的页面是 plan html fullscreen 的值是 yes，即全屏模式显示浏览器。
- 单击"打开确认窗口"按钮，调用了 confirm_msg()函数，在这个函数中使用了 if-else 语句，并且把 confirm()方法的返回值作为 if-else 语句的表达式进行判断，在 confirm()弹出的确定对话框中，当单击"确定"按钮时则使用 alert()方法弹出一个警告提示框，否则什么也不显示。
- 单击"关闭窗口"按钮，调用 close()方法，直接关闭当前窗口。

10.2　document 对象

document 对象既是 Window 对象的一部分，又代表了整个 HTML 文档，可用来访问页面中的所有元素。所以在使用 document 对象时，除了要适用于各浏览器外，也要符合 W3C 的标准。下面主要学习 document 对象的常用属性和方法。

10.2.1　document 对象的常用属性

document 对象的常用属性如表 10.5 所示。

表 10.5　　　　　　　　　　　　　document 对象的常用属性

属性	描述
referrer	返回载入当前文档的 URL
URL	返回当前文档的 URL

referrer 的语法为：

```
document.referrer
```

当前文档如果不是通过超链接访问的，则 document.referrer 的值为 null。

URL 的语法为：

```
document.URL
```

上网浏览某个页面时，由于不是由指定的页面进入的。系统将会提醒不能浏览本页面或者直接跳转到其他页面。这样的功能实际上就是通过 referrer 属性来实现的。例如自动跳转到登录页面，关键代码如下

```
var preUrl=document.referrer;  //载入本页面文档的地址
if(preUrl==""){
    document.write("<h2>您不是从授权页面进入，5 秒后将自动跳转到登录页面</h2>");
    setTimeout("javascript:location.href='login.html'",5000);
}
```

10.2.2　document 对象的常用方法

document 对象的常用方法如表 10.6 所示。

表 10.6　　　　　　　　　　　　　document 对象的常用方法

方法	描述
getElementById()	返回对拥有指定 id 的第一个对象的引用
getElementsByName()	返回带有指定名称的对象的集合
getElementsByTagName()	返回带有指定标签名的对象的集合
write()	向文档写文本、HTML 表达式或 JavaScript 代码

- getElementById()方法一般用于访问 DIV、图片、表单元素、网页标签等，但要求该访问对象的 id 是唯一的。
- getElementByName()方法与 getElementById()方法相似。但它访问元素的 name 属性，由于

一个文档中的 name 属性可能不唯一，因此 getElementByName()方法一般用于访问一组相同 name 属性的元素。例如具有相同 name 属性的单选按钮、复选框等。

- getElementTagByName()方法是按标签来访问页面元素的，一般用于访问一组相同的元素，例如一组<input>、一组图片等。

实例 5 用来学习 getElementByld(),getElementByName()和 getELementByTagName()的用法和区别。

实例代码（代码位置 ch10\10-5.html）

```
......//省略部分 HTML 代码
<script type="text/javascript">
function changeLink(){
    document.getElementById("node").innerHTML="淘宝";
}

function all_input(){
  var aInput=document.getElementsByTagName("input");
  var sStr="";
  for(var i=0;i<aInput.length;i++){
     sStr+=aInput[i].value+"<br />";
     }
   document.getElementById("s").innerHTML=sStr;
}

function s_input(){
  var aInput=document.getElementsByName("season");
  var sStr="";
  for(var i=0;i<aInput.length;i++){
     sStr+=aInput[i].value+"<br />";
     }
     document.getElementById("s").innerHTML=sStr;
     }

</script>
</head>

<body>
<div id="node">京东</div>
<input name="b1" type="button" value="改变层内容" onclick="changeLink();" /><br />
<br /><input name="season" type="text" value="春" />
<input name="season" type="text" value="夏" />
<input name="season" type="text" value="秋" />
<input name="season" type="text" value="冬" />
<br /><input name="b2" type="button" value="显示 input 内容" onclick="all_input()" />
<input name="b3" type="button" value="显示 season 内容" onclick="s_input()" />
<p id="s"></p>
</body>
</html>
```

此例中有三个按钮，四个文本框，一个 div 层和一个<p>标签。在浏览器中的页面效果如图 10.9 所示。单击"改变层内容"按钮，调用 changeLink()函数。在函数中使用 getElementByld()方法改变 id 为 node 的层的内容为"淘宝"，如图 10.10 所示。

图 10.9　使用 document 方法的页面效果图

图 10.10　改变层内容

单击"显示 input 内容"按钮调用 all_input()函数，使用 getElementTagName()方法获取页面中所有标签为<input>的对象，即获取了三个按钮和四个文本框对象，然后把这些对象保存在数组 ainput 中。使用 for 循环依次读取数组中对象的值并保存在变量 sStr 中，最后使用 getElementById（）方法把变量 sStr 中的内容显示在 id 为 s 的<p>标签中，如图 10.11 所示。

单击"显示 season 内容"按钮，调用 s_input()函数,使用 getElementsByName()方法获取 name 为 season 的标签对象。然后把这些对象的值使用 getElementById()方法显示在 id 为 s 的<p>标签中。如图 10.12 所示。

图 10.11　显示所有 input 的内容

图 10.12　显示 name 为 season 的内容

10.3　其 他 对 象

在浏览网页时，浏览器的最上方有"前进"、"后退"、"刷新"等按钮，通过这些按钮可以方便地回到之前访问过的页面或重新加载本页面,实际上这些功能也可以通过 location 对象和 history 对象来实现。

10.3.1　history 对象

history 对象提供用户最近浏览过的 URL 对象，在一个会话中，用户之前访问过的页面的相关信息是保密的，因此在脚本中不允许直接查看显示过的 URL，然而 history 对象提供了逐个返回访问过的页面的方法，如表 10.7 所示。

表 10.7　　　　　　　　　　　　　　　　history 对象的方法

名称	描述
back()	加载 history 对象列表中的前一个 URL
forward()	加载 history 对象列表中的下一个 URL
go()	加载 history 对象列表中的某个具体 URL

- back()方法会让浏览器加载上一个浏览过的文档，history.back()等效于浏览器中的"后退"按钮。
- forward()方法会让浏览器加载下一个浏览过的文档，history.forward()等效于浏览器中的"前进"按钮。
- go(n)方法中的 n 是一个具体的数字，当 n>0 时装入历史列表中往前数的第 n 个页面，n=0 时装入当前页面，n<0 时装入历史列表中往后数的第 n 个页面，例如：history.go(1)代表前进 1 页，相当于 IE 中的"前进"按钮，等价于 forward()方法。history.go(-1)代表后退 1 页，相当于 IE 中的"后退"按钮，等价于 back()方法。

10.3.2　location 对象

Location 对象提供当前页面的 URL 信息，并且可以重新装载当前页面或装入新页面，如表 10.8 和表 10.9 所示列出了 location 对象的属性和方法。

表 10.8　　　　　　　　　　　　　　　　location 对象的属性

名称	描述
host	设置或返回主机名和当前 URL 的端口号
hostname	设置或返回当前 URL 的主机名
href	设置或返回完整的 URL

表 10.9　　　　　　　　　　　　　　　　location 对象的方法

名称	描述
reload()	重新加载当前文档
replace()	用新的文档替换当前文档

location 对象常用的属性是 href，通过对此属性设置不同的网址，从而达到跳转功能。

实例 6 用来演示 history 对象和 location 对象的使用。

本例一共有 5 个页面，分别是 10-6.html 和表示春夏秋冬四季的四个页面，在 10-6.html 页面中显示四季介绍，实现查看四季情况的页面跳转和刷新本页面的功能；在四季页面中可查看四季的详细情况和页面之间的跳转以及前进和后退链接，页面的关键代码如下所示。

实例代码（代码位置 ch10\10-6.html）

```
......//省略部分 HTML 代码
<table border="0" cellspacing="0" cellpadding="0">
  <tr>
    <td><img src="images/1.jpg" /></td>
```

```
    <td><img src="images/2.jpg" /></td>
  </tr>
  <tr>
    <td><a href="javascript:location='spring.html'">春</a></td>
    <td><a href="javascript:location='summer.html'">夏</a></td>
  </tr>
  <tr>
    <td><img src="images/3.jpg" /></td>
    <td><img src="images/4.jpg" /></td>
  </tr>
  <tr>
    <td><a href="javascript:location='autumn.html'">秋</a></td>
    <td><a href="javascript:location='winter.html'">冬</a></td>
  </tr>
  <tr>
    <td colspan="2"><a href="javascript:location.reload()">刷新本页</a></td>
  </tr>
</table>
......//省略部分 HTML 代码
```

spring.html 页面的代码如下:

```
......//省略部分 HTML 代码
 <td> 春归——落红不是无情物，化作春泥更护花<br />
     <a href="javascript:jump('summer.html')">夏天</a> <a href="javascript:jump('autumn.html')">秋天</a> <a href="javascript:jump('winter.html')">冬天</a>  <a href="javascript:history.back();">后退</a>   <a href="javascript:history.forward();">前进</a></td>
     ......//省略部分 HTML 代码
```

在浏览器中运行该例子，在 10-6.html 页面单击"春"链接，通过 location 对象的 location 属性跳转到 spring.html 页面；单击"刷新本页"链接，可通过 location 对象的 reload()方法刷新本页。如图 10.13 所示。在 spring.html 页面单击"后退"链接，可通过 history 对象的 back()方法跳转到主页面（后退），如图 10.14 所示。

图 10.13　查看四季页面

图 10.14　location 和 history 对象的使用效果图

10.3.3　表单对象

表单对象是 Document 对象的子对象，通过下面的方式可以访问表单对象及其属性或方法。

- document.表单名称.属性
- document.表单名称.方法（参数）
- document.forms[索引].属性
- document.forms[索引].方法（参数）

1. 表单的属性和方法

表单对象的属性及说明如表 10.10 所示。

表 10.10　　　　　　　　　　　　　　　表单对象的属性

名称	描述
action	设置或返回表单的 action 属性
id	设置或返回表单的 id
name	设置或返回表单的名称
length	返回表单中的元素数目
method	设置或返回将数据发送到服务器的 HTTP 方法 常用的方法为 get|post

表单对象的方法及说明如表 10.11 所示。

表 10.11　　　　　　　　　　　　　　　表单对象的方法

名称	描述
handleEvent（）	使事件处理程序生效
reset（）	重置
submit（）	提交

2. 表单元素

表单中包含很多种表单元素，表单中的元素按照其功能主要分为文本、按钮和单选按钮三类。可以通过以下方式调用表单中元素的属性或方法：

- document.forms[索引].elements[索引].属性
- document.forms[索引]. elements[索引].方法（参数）
- document.表单名称.元素名称.属性
- document.表单名称. 元素名称.方法（参数）

对于表单中的元素，它们的主要属性如表 10.12 所示。

表 10.12　　　　　　　　　　　　　　　表单元素的属性

名称	描述
defaultValue	该元素的 value 属性
form	该元素所在的表单
name	该元素的 name 属性
type	该元素的 type 属性
value	该元素的 value 属性

实例 7 用于演示表单元素的用法。

实例代码（代码位置 ch10\10-7.html）

```
<html>
<head>
    <title>表单对象的属性和方法</title>
    <script type="text/javascript">
        var i = 0;
        function movenext(obj,i)
        {
            if(obj.value.length==4)
            {
                document.forms[0].elements[i+1].focus();
            }
        }

        function result()
        {
            fm = document.forms[0];
            num = fm.elements[0].value +
            fm.elements[1].value +
            fm.elements[2].value +
            fm.elements[3].value ;
            alert("你输入的信用卡号码是"+ num);
        }
    </script>
</head>
<body onLoad=document.forms[0].elements[i].focus()>
    请输入你的信用卡号码：
    <form>
    <input type="text" size="3" maxlength="4" onKeyup="movenext(this,0)"> -
    <input type="text" size="3" maxlength="4" onKeyup="movenext(this,1)"> -
    <input type="text" size="3" maxlength="4" onKeyup="movenext(this,2)"> -
    <input type="text" size="3" maxlength="4" onKeyup="movenext(this,3)">
    <input type="button" value="显示" onClick="result()">
    </form>
</body>
```

```
</html>
```

　　该实例包含 4 个文本框，最多输入 4 个数字，当第一个输入完后自动将焦点移动到第二个，以此类推。当用户输入完卡号后，单击"显示"按钮将卡号输出。页面效果如图 10.15 所示。

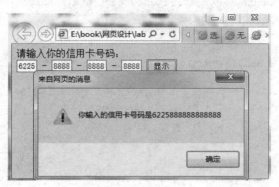

图 10.15　页面效果

10.4　DOM 编程应用

10.4.1　元素的显示和隐藏

　　在浏览网页时，经常会碰到一些网页上浮动着带有关闭按钮的图片。很多论坛里的树形菜单，或者是一些门户网站的 Tab 切换效果，所有的这些类似的页面特效都可以通过控制网页元素的显示和隐藏来实现。

　　在 CSS 中有两个属性可以用来控制元素的显示和隐藏。这两个属性是 visibility 和 display。visibility 属性设置元素是否可见，此属性的两个值如表 10.13 所示。

表 10.13　　　　　　　　　　　　　　　　visibility 属性的值

值	描述
visible	表示元素是可见的
hidden	表示元素是不可见的

　　CSS 属性可通过 JavaScript 动态地改变，visibility 的脚本语法为：

```
Object.style.visibility="值"
```

display 属性设置是否显示元素。此属性的常见值如表 10.14 所示。

表 10.14　　　　　　　　　　　　　　　　display 属性的常见值

值	描述
none	表示此元素不会被显示
block	表示此元素将显示为块级元素，此元素前后会带有换行符

　　CSS 属性可通过 JavaScript 动态的改变，display 的脚本语法为：

```
Object.style.display="值"
```

实例 8 用来演示 visibility 和 display 属性的特征和两者的区别。

实例代码（代码位置 ch10\10-8.html）

```html
<html>
<head>
<meta http-equiv="Content-Type" content="text/html; charset=gb2312" />
<title>显示和隐藏图片</title>
<script type="text/javascript">
function hidden_b2(){
   document.getElementById("b2").style.visibility="hidden";
}
function none_b2(){
   document.getElementById("b2").style.display="none";
}
</script>
</head>
<body>
<img src="images/book1.jpg" alt="book1" id="b1" />
<img src="images/book2.jpg" alt="book2" id="b2" />
<img src="images/book3.jpg" alt="book3" id="b3" /></br>
<input name="btn1" type="button" value="visibility隐藏图片b2" onclick="hidden_b2()" />
<input name="btn2" type="button" value="visibility隐藏图片b2" onclick="none_b2()" />
</body>
</html>
```

从上面的代码可以看出，本例中有三个图片，id 分别为 b1，b2，b3，两个函数 hidden_b2() 和 none_b2()分别使用 visibility 和 display 属性隐藏 id 为 b2 的图片，两个按钮分别用来调用函数 hidden_b2()和 none_b2()，这两个按钮的功能都是用来隐藏 id 为 b2 的图片。

在浏览器中运行该例子，三个图片全部显示，页面效果如图 10.16 所示。

图 10.16   三个图片全部显示

单击按钮 "visibility 隐藏图 b2"，id 为 b2 的图片不显示，但是该图片的位置依然存在。如图 10.17 所示。

图 10.17   使用 visibility 隐藏图 b2

单击按钮"display 隐藏图 b2"，同样隐藏了 id 为 b2 的图片，但是与使用 visibility 属性不同的是，使用 display 隐藏图片后，并不占据任何位置。如图 10.18 所示。

图 10.18　使用 display 隐藏图 b2

如果使用 visibility 属性设置元素不可见，此元素会占据页面上的空间。使用 display 属性设置元素不显示，此元素不会占据页面空间。

当要实现在页面上显示或隐藏某元素时我们通常使用 display 属性，实例 9 使用 display 属性制作一个简单的树形菜单。

实例代码（代码位置 ch10\10-9.html）

```
<html xmlns="http://www.w3.org/1999/xhtml">
<head>
<meta http-equiv="Content-Type" content="text/html; charset=gb2312" />
<title>制作简单的树形菜单</title>
<style type="text/css">
body{font-size:13px;
    line-height:20px;
    }
a{font-size: 13px;
  color: #000000;
  text-decoration: none;
  }
a:hover{font-size:13px;
    color: #ff0000;
      }
img {
    vertical-align: middle;
    border:0;
}
.no_circle{list-style-type:none;  /*设置列表项标志的类型为无*/
    display:none;
      }
</style>
<script  type="text/javascript">
function show(){
if(document.getElementById("art").style.display=='block'){
    document.getElementById("art").style.display='none';  //触动的 ul 如果处于显示状态,
即隐藏
  }
  else{
      document.getElementById("art").style.display='block';  //触动的 ul 如果处于隐藏状
态, 即显示
```

```
        }
    }
</script>
</head>

<body>
<b><img src="images/fold.gif">树形菜单: </b>
<ul><a href="javascript:onclick=show() "><img src="images/fclose.gif">网页设计</a></ul>
<ul id="art" class="no_circle">
<li><img src="images/doc.gif" >HTML</li>
        <li> <img src="images/doc.gif" >CSS</li>
         <li><img src="images/doc.gif" >JavaScript</li>
         </ul>

</body>
</html>
```

首先把一级菜单和二级菜单放在项目列表中，并且使用 CSS 的 list-style-type 属性设置列表项的标志类型为无，即把列表前的圆点去掉。然后在一级菜单上使用链接调用函数 show()，最后编写函数 show()。

在函数 show()中，使用 getElementById()获取 id 为 art 的项目表。通过判断目前的列表是显示或隐藏状态，结合 display 属性动态地改变其值，实现树形菜单的效果。

在浏览器中运行，页面效果如图 10.19 所示，此时"网页设计"下的二级菜单被隐藏，单击此菜单，显示二级菜单的内容，如图 10.20 所示。

图 10.19　树形菜单展开前

图 10.20　树形菜单展开后

10.4.2　复选框全选效果

在设计网页时，根据需要可以使用复选框为用户提供多个选项。这样用户针对某些问题时可以选择一个或多个选项，乃至选择所有的选项。复选框显示一个带有标识的小方格。当用户单击时，在其中会显示一个选中标志，或者将标志取消，下面介绍通过 JavaScript 来实现复选框全选或全不选的功能。

判断复选框是否被选中的属性是 checked。如果 checked 属性旳值为 true，说明复选框已选中，如果 checked 属性值为 false，说明复选框未被选中。如果要实现多选，可以编写代码逐个将复选框 checked 属性的值设置为 true，但这样一个个地设置，编写的代码比较多，并且容易出错。比较好的办法是，把每个复选框的 name 设置为同名，然后使用 getElementByName()方法访问所有同名的复选框，最后使用循环语句来统一设置所有复选框的 checked 属性为 true，从而实现全选效果。

实例 10 根据使用 getElementByName()方法和复选框的 checked 属性来实现复选框全部被选中

的效果。

实例代码（代码位置 ch10\10-10.html）

```
……//省略部分 HTML 代码和 CSS 代码
<script type="text/javascript">
function check(){
var oInput=document.getElementsByName("product");
for(var i=0;i<oInput.length;i++){
   if(document,getElementByid("all").checked==true){
oInput[i].checked=true;
}
}
}
</script>
</head>
<body><table border="0" cellspacing="0" cellpadding="0" class="bg">
   ……//省略部分 HTML 代码
   <td><input id="all" type="checkbox" value="全选" onclick="check();" />
   全选</td>
   <td>商品</td>
   <td>商品名称/出售者/联系方式</td>
   <td>价格</td>
   ……//省略部分 HTML 代码
   <td><input name="product" type="checkbox" value="1" /></td>
   ……//省略部分 HTML 代码
   <td><input name="product" type="checkbox" value="2" /></td>
   ……//省略部分 HTML 代码
   <td><input name="product" type="checkbox" value="3" /></td>
   ……//省略部分 HTML 代码
   <tr>
   <td><input name="product" type="checkbox" value="4" /></td>
   <td><img src="images/list3.jpg" alt="alt" /><td>
   <td>Sony 索尼家用最新款笔记本<br />
     出售者：疯狂的镜无<br />
   <img src="images/online_pic.gif" alt="alt" />  
   <img src="images/list_tool_favl.gif" alt="alt" />收藏</td>
   <td>一口价<br />
5889.0</td>
   </tr>
   ……//省略部分 HTML 代码
```

设计思路：

● 使用表格布局，在文档中插入一个 id 为 all 的复选框和四个 name 为 product 的复选框，以及对应的图片，文字等内容。

● 编写复选框全选效果的实现函数 check()。首先使用 getElementByName()方法获取所有 name 为 product 的复选框，并保存在数组 oInput 中，然后使用 getElementById()方法获取 id 为 all 的复选框并结合 checked 属性判断是否被选中,如果选中则使用 for 循环依次设置数组 oInput 所有对象的 checked 属性的值为 true，实现 name 为 product 的所有复选框被选中。

● 在 id 为 all 的复选框中增加单击事件 onclick，调用 check()函数，当单击"全选"复选框时，实现所有复选框全被选中的效果。

在浏览器中运行，单击"全选"复选框，得到如图 10.21 所示的页面效果。

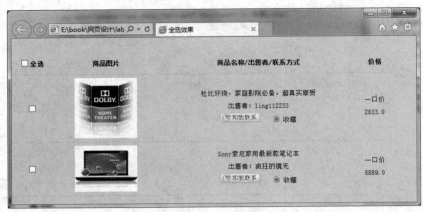

图 10.21　全选复选框效果

10.5　实　践　指　导

10.5.1　实践训练技能点

1. 会使用 Window 对象属性、方法及事件的使用
2. 会使用 document 对象属性和方法的使用
3. 使用 getElementByID()方法访问 DOM 元素
4. 使用 getElementByName()方法访问 DOM 元素
5. 使用 getElementByTagName()方法访问 DOM 元素

10.5.2　实践任务

任务 1　带关闭按钮的广告图片

制作带关闭按钮的广告图片页面，页面效果如图 10.22 所示。

图 10.22　页 面 效 果

（代码位置：practice/ch10/float.html）

提示：

- 一个 div 用于显示广告图片，另一个 div 用于显示关闭按钮；
- 带关闭按钮图层增加 onclick 事件用于图层的关闭（隐藏）。

任务 2　带按钮的轮换横幅广告

制作带按钮的轮换横幅广告页面，页面效果如图 10.23 所示。

（代码位置：practice/ch10/scroll.html）

提示：

- 一个 div 用于存放需轮换的图片，另一个 div 存放切换的数字；
- 定义一个函数用于图片的显示和隐藏；
- 设置计算器用户图片的自动切换；
- 给数字按钮绑定轮换横幅广告函数。

图 10.23　页面效果

任务 3　制作树形菜单

制作树形菜单页面，页面效果如图 10.24 所示。

提示：

- 使用项目列表制作一个完整的树形菜单；
- 使用带参数的函数，通过参数来控制显示或隐藏某个列表。

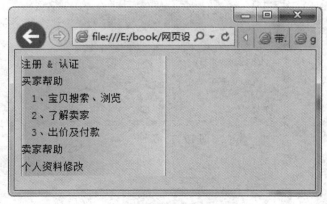

图 10.24　页面效果

小　　结

- DOM 是以层次结构组织的节点集合。
- 对于每一个 HTML 页面，浏览器都会自动创建 Window 对象、document 对象、location 对象、navigator 对象及 history 对象。
  - document 对象是浏览器窗口中显示的 HTML 文档。
  - location 对象用于提供当前打开窗口的 URL 或特定框架的 URL 信息。
- 表单对象是 document 对象的子对象，可以通过"document.表单名称.属性名|方法名"来访问其属性或方法。

拓展训练

1. 制作 html 页面，使用 DOM 操作增加或删除表格行，如图 10.25、图 10.26 所示。

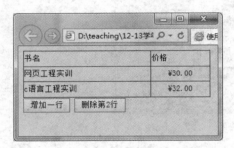

图 10.25　默认表格

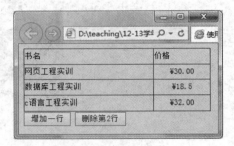

图 10.26　增加一行

2. 制作 html 页面，使用表单控件和 DOM 编程，如图 10.27 所示。

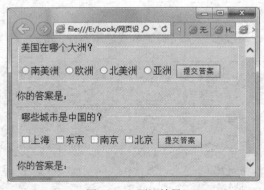

图 10.27　页面效果

第11章
JavaScript 常用特效

学习目标
- 掌握表单事件和脚本函数实现表单验证
- 掌握 String 对象和文本框控件常用属性和方法实现客户端验证
- 了解 JavaScript 和 CSS 的交互

11.1 表单验证

无论是动态网站，还是其他 B/S 结构的系统，都离不开表单。表单作为客户端向服务器端提交数据的主要载休，如果提交的数据不合法，将会引出各种各样的问题。使用 JavaScript 可以十分便捷地进行表单验证，它不但能检查用户输入的无效或错误数据，还能检查用户遗漏的必须项，从而减轻服务器端的压力，避免服务器端的信息出现错误，保证输入的数据符合要求，如图 11.1 所示。

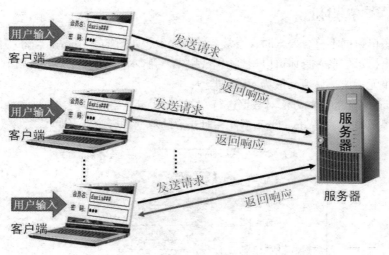

图 11.1　页面交互

11.1.1 表单验证的内容

表单验证包括的内容很多，如验证日期是否有效或日期格式是否正确，检查表单元素是否为空、E-mail 地址是否正确、验证身份证号、验证用户名和密码、阻止不合法的表单被提交等。下面我们就以常用的注册表单为例，来说明表单验证通常包括哪些内容。

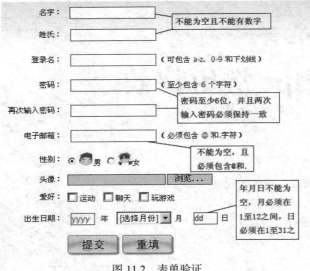

图 11.2　表单验证

如图 11.2 所示表单，需要验证的内容通常包括以下内容。

- 日期是否有效或日期格式是否正确
- 表单元素是否为空
- 用户名和密码是否符合要求
- E-mail 地址是否正确
- 身份证号码等是否是数字

11.1.2　表单验证

当输入的表单数据不符合要求时，通常会进行提示，如图 11.3 所示。当输入了不合要求的邮件地址时会弹出提示信息。具体可以根据以下思路编写脚本。

- 获得表单元素值，该值一般为 string 类型；
- 使用 JavaScript 的一些方法对数据进行判断；
- 当表单提示时，触发 onsubmit 事件，对获取的数据进行验证。

图 11.3　Email 验证

11.1.3　String 对象

JavaScript 语言中的 String 对象通常用于操作和处理字符串，可以在程序中获得字符串长度，对一个字符串按指定的样式显示，提取子字符串，求一个字符串中指定位置的字符以及将字符串转换为大写或小写字符。

1. 字符串对象的属性

JavaScript 中的 String 对象有一个 length 属性，它表示字符串的长度（包括空格等），语法如下

字符串对象.length；

```
var str="this is JavaScript";
var strLength=str.length;
```

最后 strLength 返回的 str 字符串的长度是 18。

2. 字符串对象的方法

在 JavaScript 中，字符串对象的使用方法语法如下。

字符串对象.方法名()；

String 对象有许多方法用来处理和操作字符串，常用的方法如表 11.1 所示。

表 11.1　　　　　　　　　　　　　　　　　String 对象常用方法

方法	描述
toLowerCase()	把字符串转化为小写
toUpperCase()	把字符串转化为大写
charAt(index)	返回在指定位置的字符
indexOf(字符串，index)	查找某个指定的字符串值在字符串中首次出现的位置
substring(index1,index2)	返回位于指定索引 index1 和 index2 之间的字符串，并且包括索引 index1 对应的字符，不包括索引 index2 对应的字符

最常用的是 indexOf()方法，用法为 indexOf("查找的字符串",index)，如果找到了则返回找到的位置，否则返回-1。

index 是可选的整数参数，表示从第几个字符开始查找，index 的值为 0 至"字符串对象 length-1"，如果省略该参数，则将从字符串的首字符开始查找。

```
var str="this is JavaScript";
var selectFirst=str.indexOf("Java");
var selectSecond=str.indexOf("Java",12);
```

selectFirst 返回的值为 8，selectSecond 返回的值为-1。

实例 1 采用 JavaScript 中 indexOf()等方法实现电子邮件格式的验证。

当在如图 11.4 所示的 Email 文本框中没有输入任何内容时单击"登录"按钮，将会弹出图 11.5 左边所示的提示框，提示"Email 不能为空"，当输入"test"再单击"登录"按钮时，将会弹出图 11.5 中间所示的提示框，提示"Email 格式不正确，必须包含@"；当输入"test@"时，再单击"登录"按钮，将会弹出图 11.5 右边所示的对话框，提示"Email 格式不正确，必须包含."。只有在 Email 地址中包含"@"和"."符号时，才是有效的 Email 地址。

图 11.4　登录页面

图 11.5　表单验证

思路分析：
- 先获取表单元素（Email 文本框）的值（String 类型），然后进行判断。
- 使用 getElementById()获取表单元素 Email 的值。
- 使用字符串方法 indexOf( ) 判断 Email 的值是否包含 "@" 和 "." 符号。
- 根据函数返回值是 true 还是 flase 来决定是否提交表单。

根据分析制作登录页面并进行验证，首先制作页面，在页面中插入一个表单，然后在表单中插入两个文本框，id 为 email 用来输入 Email，id 为 pwd 用来输入密码，最后插入一个提交按钮，并在表单中添加 onsubmit 事件,此事件调用验证 Email 的函数 check()。

在函数 check()中需要验证 Email 是否为空，代码如下所示。

```
var mail=document.getElementById("email"),value;
if(mail==""){
    alert("Email 不能为空");
    return false;
}
```

验证 Email 中是否包含符号"@"和"."，由于是从字符串的首字符开始验证，因此第 2 个参数可以省略，代码如下所示。

```
if(mail.indexOf("@")==-1){
    alert("Email 格式不正确\n 必须包含@");
    return false;
}
if(mail.indexOf(".")==-1){
    alert("Email 格式不正确\n 必须包含.");
    return false;
}
```

在上述代码片段中，mail 是 mail 输入文本框的 id，value 表示文本框的值。

实例代码（代码位置 ch11\11-1\login.html）

```
<html xmlns="http://www.w3.org/1999/xhtml">
<head>
```

```
<meta http-equiv="Content-Type" content="text/html; charset=gb2312" />
<title>登录页面</title>
<link href="login.css" rel="stylesheet" type="text/css">
<script type="text/javascript">
function check(){
var mail=document.getElementById("email").value;
if(mail==""){//检测 Email 是否为空
    alert("Email 不能为空");
    return false;
    }
if(mail.indexOf("@")==-1){
    alert("Email 格式不正确\n 必须包含@");
    return false;
    }
if(mail.indexOf(".")==-1){
    alert("Email 格式不正确\n 必须包含.");
    return false;
    }
    return true;
}
</script>
</head>

<body>
……//省略部分 HTML 代码
  <form action="success.html" method="post" name="myform" onsubmit="return check()"><tr>
    <td>Email: <input id="email" type="text"  class="inputs"/></td>
  </tr>
    <tr>
    <td> 密码: <input id="pwd" type="password"   class="inputs"/></td>
  </tr>
    <tr>
    <td style="height:35px; padding-left:30px;"><input name="btn" type="submit" value
="登录" class="rb1" /></td>
  </tr></form>
……//省略部分 HTML 代码
</body>
</html>
```

在浏览器中运行该实例，如果 Email 文本框中输入的内容不合要求，将弹出图 11.5 所示的提示框。如果用户在 Email 文本框中输入了正确的电子邮件地址，那么单击"登录"按钮之后，将显示 success.html 网页。如图 11.6 所示。

图 11.6　登录成功

11.2　文本框特效

在网上注册或填写各种表单时，经常会有某些文本框中显示自动提示信息，图 11.7 所示为 Email 自动提示文本，当单击此文本框时提示文本自动被清除，文本框的效果发生变化，如图 11.8 所示。使用文本框对象的相关属性、事件和方法可以实现此效果。

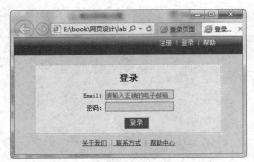

图 11.7　Email 文本框中自动显示提示文本

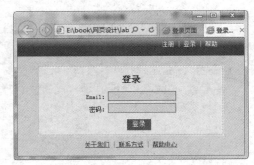

图 11.8　文本框边框的变化效果

11.2.1　文本框对象

在 HTML DOM 中，文本框作为一个对象，每个文本框都有自己的方法和事件，通过这些方法和事件可改变文本框的效果，如表 11.2 所示列出了文本框常用的事件，方法和属性。

表 11.2　　　　　　　　　　　　　　　　文本框对象常用的方法和事件

类别	名称	描述
事件	onblur	失去焦点，当光标离开某个文本框时触发
	onfocus	获得焦点，当光标进入某个文本框时触发
	onkeypress	某个键盘按键被按下并松开
方法	blur()	从文本域中移开焦点
	focus()	在文本域中设置焦点，即获得鼠标光标
	select()	选取文本域中的内容
属性	id	设置或返回文本域的 id
	value	设置或返回文本域的 value 属性的值

onfocus 和 onblur 事件：当某个表单元素获得焦点时，即当用户在元素上单击鼠标或按下 Tab 或 shift+Tab 组合键时，就会发生 onfocus 事件。元素只有在拥有焦点时，才能接收用户输入。当光标从文本框离开时，发生 onblur 事件。

select()方法：选中文本框中的内容，突出显示输入区域的内容，一般用于提示用户重新输入。

11.2.2　制作文本输入提示特效

了解了文本框控件的常用属性、方法和事件之后，我们应用这些文本框事件来动态地改变文本框的效果，以登录页面中的邮箱文本输入框为例进行讲解，要求如下。

- 文本框自动显示提示输入正确电子邮箱的信息。
- 单击文本框时，清除自动提示的文本，并且文本框的边框变为红色。
- 单击"登录"按钮时，验证 Email 文本框不能为空，并且必须包含字符"@"和"."。
- 当用户输入无效的电子邮件地址，单击"登录"按钮将弹出错误的提示信息框。
- 单击提示信息框上的"确定"按钮之后，Email 文本框中的内容将被自动选中并且高亮显示，提示用户重新输入，如图 11.9 所示。

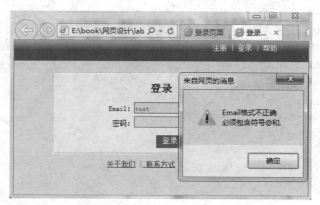

图 11.9　文本框应用了 select()方法

下面主要分析如何自动清除文本提示信息，使文本框改变效果和获得光标事件等。

当鼠标单击文本框时清除自动提示的文本信息，使用 onfoucs 事件，通过光标移入文本框，然后调用自定义函数 clearText，把文本框的值（value）设为空即可，并且设置文本框的边框颜色，关键代码如下所示。

```
var mail=document.getElementById("email");
if(mail.value=="请输入正确的电子邮箱"){
    mail.value="";
    mail.style.borderColor="#ff0000";
}
```

当 Email 文本框没有输入任何内容时，弹出的 Email 不能为空的信息，单击"确定"按钮后，Email 文本框获得焦点，使用 focus()方法，关键代码如下所示。

```
document.getElementById("email").focus();
```

自动选中 Email 文本框中的内容并且高亮显示，要使用文本框的 select()方法，关键代码如下所示。

```
document.getElementById("email").select();
```

根据以上的分析，实现如上要求的完整代码如下所示。

实例 2 演示了如何制作文本输入提示效果。

实例代码（代码位置 ch11\11-2\login.html）

```
<html xmlns="http://www.w3.org/1999/xhtml">
<head>
<meta http-equiv="Content-Type" content="text/html; charset=gb2312" />
<title>登录页面</title>
<link href="login.css" rel="stylesheet" type="text/css">
<script type="text/javascript">
function check(){
```

```
var mail=document.getElementById("email").value;
if(mail==""){//检测 Email 是否为空
alert("Email 不能为空");
    document.getElementById("email").focus();
    return false;
    }
if(mail.indexOf("@")==-1 || mail.indexOf(".")==-1){
    alert("Email 格式不正确\n 必须包含符号@和.");
    document.getElementById("email").focus();
    document.getElementById("email").select();
    return false;
    }
    return true;
}
function clearText(){
var mail=document.getElementById("email");
if(mail.value=="请输入正确的电子邮箱"){
    mail.value="";
    mail.style.borderColor="#ff0000";
    }
}
</script>
</head>
<body>
……//省略部分 HTML 代码
  <form action="success.html" method="post" name="myform" onsubmit="return check()"><tr>
    <td>Email: <input id="email" type="text"  class="inputs" value="请输入正确的电子邮箱" onfocus="clearText()"/></td>
    </tr>
    <tr>   <td> 密码: <input id="pwd" type="password"  class="inputs"/></td>  </tr>
    <tr>
      <td style="height:35px; padding-left:30px;"><input name="btn" type="submit" value="登录" class="rb1" /></td>
    </tr></form>
……//省略部分 HTML 代码
</body>
</html>
```

在浏览器中运行本节实例，单击 Email 文本框时，自动清除 Email 提示文本，并且文本框的边框显示为红色。当 Email 中输入的内容不符合要求时，将弹出对应的提示信息。当 Email 输入的内容正确时，将显示登录成功的页面。

11.3 JavaScript 访问样式的应用

在浏览网站时，一些网页上经常会显示各种随滚动条同步滚动的广告图片，该效果可以美化网页并且可以进行宣传以提高知名度和实现盈利，如图 11.10 所示。

图 11.10　随滚动条移动的图片

思路分析：

- 把广告图片放在一个 div 中，并且 div 总是显示在页面的上方。
- 使用 getElementById()方法获取层对象，并且获取层在页面上的初始位置。
- 根据鼠标滚动事件，获取滚动条滚动的距离。
- 随着滚动条的移动改变层在页面上的位置。

11.3.1　获取样式属性值

在 css 中可以使用样式为每个元素设置位置，在 DOM 的 style 对象中也有对应的元素定位属性，在 style 对象中的 positioning 属性如表 11.3 所示。

表 11.3　　　　　　　　　　　style 对象中 positioning 属性

属性	描述
top	设置元素的顶边缘距离父元素顶边缘之上或之下的距离
left	设置元素的左边缘距离父元素左边缘之左边或右边的距离
right	设置元素的右边缘距离父元素右边缘之左边或右边的距离
bottom	设置元素的底边缘距离父元素底边缘之上或之下的距离
zindex	设置元素的堆叠次序

其中常用的是 top 和 left，通常用来设置元素在页面中的位置，即距离页面顶端的位置和距离页面左侧的位置。页面上所有元素都有 top 和 left 的偏移。获取行内样式的方法 document.getElementById(elementId).样式属性值。

实例 3 演示了使用 style 属性获取层在页面中的位置。

实例代码（代码位置 ch11\11–3.html）

```
<script type="text/javascript">
function place(){
var divObj=document.getElementById("test");
alert("上: "+divObj.style.top+"\n左 : "+divObj. style.left);
}
</script>
</head>
<body>
<div id="test" onclick="place()" style=" position:absolute;width:200px;  left:50px;
top:120px; height:100px; " >测试</div>
```

```
</body>
```

运行上面代码，弹出如图 11.11 所示的提示窗口。

在 JavaScript 中，使用"HTML 元素.style.样式属性"的方式只能获取内联样式的属性值。如果要获取内部样式表或外部样式表中的属性值，可以使用 currentStyle 对象，它包含了所有元素的 style 对象的特性和任何未覆盖 CSS 的规则的 style 特性。

使用方式为：var objTop=divObj.currentStyle.top;。

实例 4 演示了使用 currentStyle 对象获取样式属性值。

图 11.11　获取层位置

实例代码（代码位置 ch11\11-4.html）

```html
<style type="text/css">
#test{
    position:absolute;
     width:200px;
      left:50px;
      top:120px;
      height:100px;
      background-color:#F93;
      }
</style>
<script type="text/javascript">
function place(){
var divObj=document.getElementById("test");
alert("上: "+divObj.currentStyle.top+"\n左 : "+divObj.currentStyle.left);
}
</script>
</head>
<body>
<div  id="test" onclick="place()">测试</div>
</body>
```

运行代码效果如图 11.12 所示。

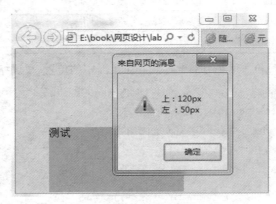

图 11.12　获取层位置

11.3.2　制作随鼠标滚动的广告图片

使用 currentStyle 或 getComputedStyle() 可以获得层在网页中的位置。如果要获取滚动条滚动的距离，需要使用 scrollTop、scrollLeft 属性，如表 11.4 所示。

表 11.4 常用属性

属性	描述
scrollTop	设置或获取位于对象最顶端和窗口中可见内容的最顶端之间的距离
scrollLeft	设置或获取位于对象左边界和窗口中目前可见内容的最左端之间的距离
clientWidth	浏览器中可见内容的高度，不包括滚动条等边线，会随窗口的显示大小改变
clientHeight	浏览器中可以看到内容的区域的高度

获取滚动条在窗口中滚动的距离，语法为：

document.documentElement.scrollTop;//获取滚动条距窗口顶端的距离

document.documentElement.scrollLeft; //获取滚动条距窗口左则的距离

在页面中有很多事件可以用来触发浏览器的行为，表 11.5 所示事件是制作该效果的常用事件。

表 11.5 常用事件

事件	描述
onscroll	用于捕捉页面垂直和水平的滚动
onload	一个页面或一副图片完成加载（上传）

实例 5 演示了制作随鼠标滚动的广告图片特效，其关键步骤如下。

（1）图片放在一个层中，使用 CSS 样式设置层的初始位置。

（2）页面加载时，获取图片所在层的具体位置，即页面的 left 和 top 位置。

```
adverObject=document.getElementById("adver"); //获得层对象
if(adverObject.currentStyle){
   adverTop=parseInt(adverObject.currentStyle.top);
   adverLeft=parseInt(adverObject.currentStyle.left);
}
else{
adverTop=parseInt(document.defaultView.getComputedStyle(adverObject,null).top);
   adverLeft=parseInt(document.defaultView.getComputedStyle(adverObject,null).left);
}
```

（3）获取页面初始位置时，要判断当前浏览器的类型，本例只判断是 IE 还是 fireFox。

（4）当滚动条滚动时，获取滚动条距离页面顶端和左侧的距离，同时改变层距离顶端和左侧的位置。代码如下所示。

```
adverObject.style.top=adverTop+parseInt(document.documentElement.scrollTop)+"px";
adverObject.style.left=adverLeft+parseInt(document.documentElement.scrollLeft)+"px";
```

实例代码（代码位置 ch11\11-5\scroll.html）

```
<html>
<head>
<title>随鼠标滚动的广告图片</title>
<style type="text/css">
#main{text-align:center;}
#adver{
   position:absolute;
   left:50px;
   top:30px;
   z-index:2;
}
</style>
```

```
<script type="text/javascript">
var adverTop; //层距页面顶端距离
var adverLeft;
var adverObject; //层对象
function inix(){
   adverObject=document.getElementById("adver"); //获得层对象
   if(adverObject.currentStyle){
   adverTop=parseInt(adverObject.currentStyle.top);
   adverLeft=parseInt(adverObject.currentStyle.left);
}
else{
   adverTop=parseInt(document.defaultView.getComputedStyle(adverObject,null).top);
   adverLeft=parseInt(document.defaultView.getComputedStyle(adverObject,null).left);
   }
}
function move(){
adverObject.style.top=adverTop+parseInt(document.documentElement.scrollTop)+"px";
adverObject.style.left=adverLeft+parseInt(document.documentElement.scrollLeft)+"px";
}
window.onload=inix;
window.onscroll=move;
</script>
</head>
<body>
<div id="adver"><img src="images/adv.jpg"/></div>
<div  id="main"><img  src="images/main1.jpg"/><img  src="images/main2.jpg"/><img
src="images/main3.jpg"/></div>
</body>
</html>
```

11.4　使用下拉列表框实现级联效果

下拉框联动效果用于在两个或多个内容相关联的下拉框中选取数据，比如地址填写时，需要先选择省份再根据省份选择城市，如图 11.13 所示。

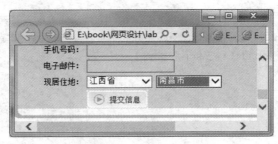

图 11.13　省市级联效果

下拉列表框使用<select>和<option>两个标签共同创建。Select 对象代表 HTML 表单中的一个下拉列表框，option 对象代表 HTML 表单中下拉列表框中的一个选项。

11.4.1　下拉列表框对象

1.　select 对象常用事件、方法和属性

select 对象常用事件、方法和属性如表 11.6 所示。

表 11.6　　　　　　　　　　　　　select 对象常用事件、方法和属性

类别	名称	描述
事件	onchange	当改变选项时调用的事件
方法	add()	向下拉列表中添加一个选项
属性	options[]	返回包含下拉列表中的所有选项的一个数组，索引值从 0 开始
	selectedIndex	设置或返回下拉列表中被选项目的索引号
	length	返回下拉列表中的选项的数目

2.　Option 对象常用属性

● text：设置或返回某个选项的纯文本值。

● value：设置或返回被送往服务器的值。

实例 6 演示了 select 对象的属性应用。

实例代码（代码位置 ch11\11-6.html）

```
function get(){
  var index=document.getElementById("fruit").selectedIndex;
  var len=document.getElementById("fruit").length;
  var show=document.getElementById("show");
  show.innerHTML="被选选项的索引号为："+index+"<br/>下拉列
表选项数目为："+len;
  }
```

在浏览器中运行页面效果如图 11.14 所示。

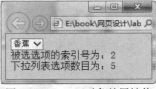

图 11.14　select 对象的属性值

3.　add( )方法

Add 方法用于向<select>中添加一个<option>标签，语法如下。

```
下拉列表框对象.add(new,old)
```

new 表示新添加到 old 之前的 option 对象，如果 old 为 null，则 new 直接添加到 select 的末尾。例如要向 id 为 city 的 select 对象中添加 option 对象，首先需要创建一个 option 对象节点，然后为节点赋值，最后把创建的节点插入到 city 下拉列表框中，代码如下所示。

```
var newoption=document.createElement("option");
newoption.text="南昌市";//列表中显示的值
newoption.value="0791";//送到服务器的值
document.getElementById("city").add(newoption,null);
```

也可以采用简单的添加下拉菜单方法。

```
var newoption=new Option("南昌市","0791");
document.getElementById("city").add(newoption,null);
```

实例 7 演示了省市级联效果，根据 onchange 事件来判断选择了哪个省，然后显示对应的城市列表。

实例代码（代码位置 ch11\11-7.html）

```
var province=document.getElementById("selProvince").value;
    var city=document.getElementById("selCity");
```

```
                city.options.length=0;
        switch(province){
            case "江西省":
                city.add(new Option("南昌市","南昌市"),null);
                city.add(new Option("九江市","九江市"),null);
                break;
            ……    }
```

图 11.15　省市级联效果

在浏览器中运行页面效果如图 11.15 所示。

上面的实例当省份增多时，会出现很多重复的冗余代码，可以使用数组解决该问题。

11.4.2　数组

1. 数组
- 创建数组

`var  数组名称 = new Array(size);`

- 为数组元素赋值

`var fruit= new Array("apple", "orange", " peach","bananer");`

- 访问数组

数组名[下标]
```
var fruit = new Array(4);
fruit [0] = " apple ";
fruit [1] = " orange ";
fruit [2] = " peach ";
fruit [3] = " bananer ";
```

2. 数组的常用属性和方法
数组的常用属性和方法如表 11.7 所示。

表 11.7　　　　　　　　　　数组的常用属性和方法

类别	名称	描述
属性	length	设置或返回数组中元素的数目
方法	join( )	把数组的所有元素放入一个字符串，通过一个分隔符进行分隔
	sort( )	对数组的元素进行排序

3. 数组方法的应用
实例 8 演示了数组常用方法的使用，首先使用 sort（）方法对数组元素进行排序，然后使用 join（）方法把数组元素放入一个字符串中，并使用"-"分隔数组元素，最后显示在页面中。

实例代码（代码位置 ch11\11-8.html）
```
var fruit = new Array(4);
  fruit [0] = " apple ";
  fruit [1] = " orange ";
  fruit [2] = " peach ";
  fruit [3] = " bananer ";
  fruit.sort();
  var str=fruit.join("-");
  document.write(str);
```
页面效果如图 11.16 所示。

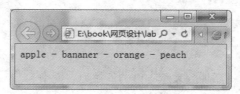

图 11.16　数组

11.4.3　实现省市级联效果

1. 采用数组的文字下标

```
var cityList = new Array();
cityList['江西省'] = ['南昌市','九江市'];
cityList['河南省'] = ['郑州市','洛阳市'];
cityList['湖北省'] = ['武汉市','宜昌市'];
```

2. 读取数组中的元素值

```
for(var i in cityList){
    document.getElementById("show").innerHTML+=i+"<br/>";      }
for(var j in cityList){
    for(var k in cityList[j]){
    document.getElementById("show").innerHTML+=cityList[j][k]+"  ";      }
    document.getElementById("show").innerHTML+="<br/>";      }
```

3. 实现思路

● 创建两个下拉列表框，分别显示省份和城市。选择某一个省份时，使用 onchange 事件调用函数（changeCity( )）使城市下拉列表框中显示对应的城市，代码如下所示。

```
<select id="selProvince" onchange="changeCity( )" style="width:100px">
    <option>--选择省份--</option>
    </select>
    <select id="selCity" style="width:100px">
        <option>--选择城市--</option>
</select>
```

● 创建一个表示省份和城市对应的数组 cityList，代码如下所示。

```
var cityList = new Array();
    cityList['北京市'] = ['朝阳区','东城区','西城区', '海淀区','宣武区','丰台区','怀柔','延庆','房山'];
......
cityList['其他'] = ['其他'];
```

● 在函数 changeCity（ ）中获取省份名称，然后与数组中的省份名称对比，把对应的城市名称添加到城市下拉列表框中，每次显示不同省份的城市名称前，要先把当前城市列表中的 option 选项清除，代码如下所示。

```
function changeCity(){
    var province=document.getElementById("selProvince").value;
    var city=document.getElementById("selCity");
    city.options.length=0; //清除当前 city 中的选项
    for (var i in cityList){
        if (i == province){
            for (var j in cityList[i]){
                city.add(new Option(cityList[i][j],cityList[i][j]),null);
```

```
                }
              }
            }
          }
```
● 页面加载时把省份名称添加到表示省份的下拉列表框中。

实例 9 演示了采用数组实现省市级联效果。

实例代码（代码位置 ch11\11-9.html）

```
……//省略部分代码
<tr>
    <td class="left">现居住地: </td>
    <td> <select id="selProvince" onchange="changeCity( )" style="width:100px">
        <option>--选择省份--</option>
        </select>
        <select id="selCity" style="width:100px">
            <option>--选择城市--</option></select></td>
</tr>
<tr>
    <td class="left"> </td>
    <td><input id="btn" type="image" src="images/pic-sb.jpg" /></td>
</tr>
</table>
</td>
</tr>
</form>
<tr>
    <td><img src="images/bottom.jpg"/></td>
</tr>
</table>
<script type="text/javascript">
var cityList = new Array();
    cityList['北京市'] = ['朝阳区','东城区','西城区', '海淀区','宣武区','丰台区','怀柔','延
庆','房山'];
    cityList['上海市'] = ['宝山区','长宁区','丰贤区', '虹口区','黄浦区','青浦区','南汇区','徐汇
区','卢湾区'];
    ……//省略部分代码
    cityList['其他'] = ['其他'];

    function changeCity(){
      var province=document.getElementById("selProvince").value;
       var city=document.getElementById("selCity");
       city.options.length=0; //清除当前 city 中的选项
       for (var i in cityList){
         if (i == province){
              for (var j in cityList[i]){
                  city.add(new Option(cityList[i][j],cityList[i][j]),null);
              }
          }
       }
    }
    function allCity(){
       var province=document.getElementById("selProvince");
       for (var i in cityList){
```

```
        province.add(new Option(i, i),null);
    }
  }
    window.onload=allCity;
</script>
</body>
</html>
```

在浏览器中运行页面效果如图 11.17 所示。

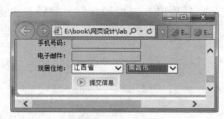

图 11.17　级联

11.5　实　践　指　导

11.5.1　实践训练技能点

1. 会使用表单事件和脚本函数实现表单验证
2. 会使用 String 对象和文本框控件常用属性和方法实现客户端验证
3. 会使用 JavaScript 和 CSS 进行简单的交互
4. 会使用 JavaScript 实现级联效果

11.5.2　实践任务

任务 1　完成新用户注册页面

需求说明：

● 验证用户输入内容的有效性。

● 文本框获得焦点时，提示文本框中应该输入的内容。

● 文本框失去焦点时，验证文本框中的内容，并提示错误信息。

实现如图 11.18 所示的页面效果。

图 11.18　页面效果

任务 2　实现商品金额自动计算功能

需求说明：

- 根据商品的数量和单价计算每行商品的小计。
- 根据商品数量、单价和积分，计算商品总价和积分。

提示：

- 使用 getElementById( ) 和 getElementsByTagName( ) 方法获得商品所在的行。
- 使用循环和判断语句查询商品价格、数量和积分，然后计算每行商品的小计，并记录所有商品的金额和积分。

关键代码：

```
var myTableTr=
document.getElementById("shopping").getElementsByTagName("tr");//获取单个商品的积分
if(myTableTr.length>0){
    for(var i=1;i<myTableTr.length;i++){   //计算单行商品的价格
       var tds=myTableTr[i].getElementsByTagName("td");
     if(tds.length>2){
        point=tds[3].innerHTML;
         ……
        total+=price*number;
        ……}
    }
}
```

实现如图 11.19 所示的页面效果。

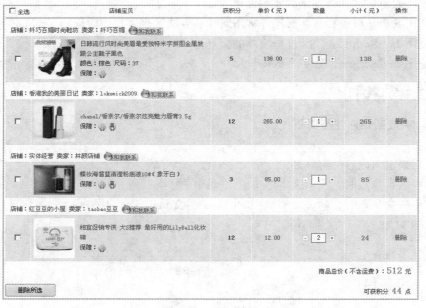

图 11.19　页面效果

任务 3　实现全选功能

需求说明：

- 当选中"全选"　，所有商品全被选中，否则所有商品取消选中。
- 当所有商品被选中时，"全选"　被选中，否则取消选中。

提示：

● getElementsByName( )方法获取所有相同 name 的复选框。

● 商品前的复选框与"全选"复选框的选中情况一致即可达到全选及全不选效果。

● 单击商品前的复选框时，需要判断商品前复选框是否都被选中。

关键代码：

```
var oInput=document.getElementsByName("cartCheckBox");
 for (var i=0;i<oInput.length;i++){
     oInput[i].checked=document.getElementById("allCheckBox").checked;
}
```

实现如图 11.20 所示的页面效果。

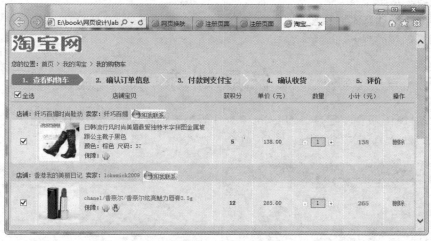

图 11.20　页面效果

任务 4　通过切换 CSS 给网页换肤

提示：

● 通过更改 link 标签的 href 属性达到换肤效果。

● 通过触发按钮的单击事件调用 chg（）函数。

初始页面效果如图 11.21 所示，换肤页面效果如图 11.22 所示。

图 11.21　页面效果

图 11.22　页面效果

小　　结

- 客户端验证
  - 使用 javascript 验证
  - 使用正则表达式验证
- 页面特效。
  - 页面广告、窗口特效、时钟特效
  - 菜单特效、CSS 样式特效、表单特效
- 动态创建元素。
  - 表格行的动态添加和修改
  - 动态创建或改变 div 的内容

拓展训练

1. 制作 HTML 页面，通过 JavaScript 实现注册表单验证效果，如图 11.23 所示。
2. 制作 HTML 页面，通过 JavaScript 实现全选效果，如图 11.24 所示。

　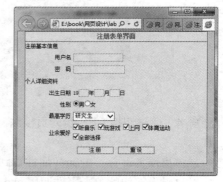

图 11.23　页面效果　　　　　　　　　　　　　图 11.24　页面效果

3. 为了美化页面效果现在需要给某大型网站的首页添加广告特效，页面两侧可关闭的对联广告，完成的页面效果如图 11.25 所示。

图 11.25　页面效果

4. 使用下拉列表框对象和数组制作购物页面中地址选择的级联效果，完成的页面效果如图 11.26 所示。

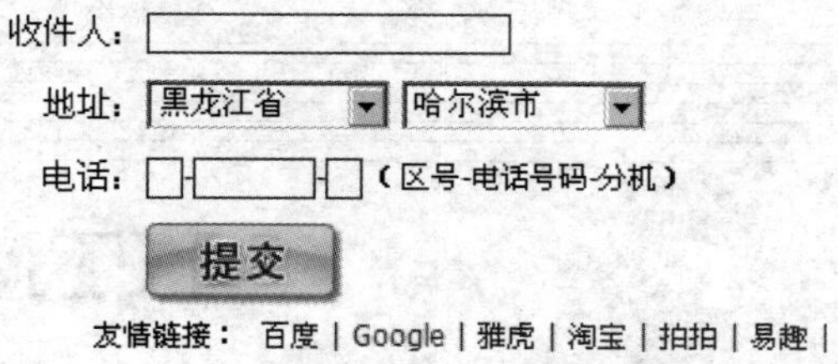

图 11.26 页面效果

附录 **A**
HTML 5 基础

A.1 HTML 5 简介

1. 什么是 HTML5

HTML5 是下一代的 HTML。

HTML5 将成为 HTML、XHTML 以及 HTML DOM 的新标准。

HTML 的上一个版本诞生于 1999 年。自从那以后，Web 世界已经经历了巨变。

HTML5 仍处于完善之中。然而，大部分现代浏览器已经具备了某些 HTML5 支持。

2. HTML5 是如何起步的？

HTML5 是 W3C 与 WHATWG 合作的结果。

WHATWG 致力于 web 表单和应用程序，而 W3C 专注于 XHTML 2.0。在 2006 年，双方决定进行合作，来创建一个新版本的 HTML。

为 HTML5 建立的一些规则：

- 新特性应该基于 HTML、CSS、DOM 以及 JavaScript
- 减少对外部插件的需求（比如 Flash）
- 更优秀的错误处理
- 更多取代脚本的标记
- HTML5 应该独立于设备
- 开发进程应对公众透明

HTML5 中一些有趣的新特性：

- 用于绘画的 canvas 元素
- 用于媒介回放的 video 和 audio 元素
- 对本地离线存储更好的支持
- 新的特殊内容元素，比如 article、footer、header、nav、section
- 新的表单控件，比如 calendar、date、time、email、url、search

3. 浏览器支持

最新版本的 Safari、Chrome、Firefox 以及 Opera 支持某些 HTML5 特性。Internet Explorer 9 将支持某些 HTML5 特性。

A.2 HTML 5 视频

许多时髦的网站都提供视频。HTML5 提供了展示视频的标准。

直到现在，仍然不存在一项旨在网页上显示视频的标准。

今天，大多数视频是通过插件（比如 Flash）来显示的。然而，并非所有浏览器都拥有同样的插件。

HTML5 规定了一种通过 video 元素来包含视频的标准方法。

当前，video 元素支持三种视频格式，如附表 1 所示。

附表 1   视频格式

格式	IE	Firefox	Opera	Chrome	Safari
Ogg	No	3.5+	10.5+	5.0+	No
MPEG 4	9.0+	No	No	5.0+	3.0+
WebM	No	4.0+	10.6+	6.0+	No

- Ogg = 带有 Theora 视频编码和 Vorbis 音频编码的 Ogg 文件
- MPEG4 = 带有 H.264 视频编码和 AAC 音频编码的 MPEG 4 文件
- WebM = 带有 VP8 视频编码和 Vorbis 音频编码的 WebM 文件

如需在 HTML5 中显示视频，您所需要添加的代码是：

```
<video src="movie.ogg" controls="controls">
</video>
```

可以到 http://www.w3school.com.cn/tiy/t.asp?f=html5_video_ simple 亲自试一试。

control 属性供添加播放、暂停和音量控件。

包含宽度和高度属性也是不错的主意。

<video> 与 </video> 之间插入的内容是供不支持 video 元素的浏览器显示的：

实例

```
<video src="movie.ogg" width="320" height="240" controls="controls">
Your browser does not support the video tag.
</video>
```

可以到 http://www.w3school.com.cn/tiy/t.asp?f=html5_video_all 亲自试一试。

上面的例子使用一个 Ogg 文件，适用于 Firefox、Opera 以及 Chrome 浏览器。

要确保适用于 Safari 浏览器，视频文件必须是 MPEG4 类型。

video 元素允许多个 source 元素。source 元素可以链接不同的视频文件。浏览器将使用第一个可识别的格式：

实例

```
<video width="320" height="240" controls="controls">
  <source src="movie.ogg" type="video/ogg">
  <source src="movie.mp4" type="video/mp4">
Your browser does not support the video tag.
</video>
```

可以到 http://www.w3school.com.cn/tiy/t.asp?f=html5_video_all 亲自试一试。

Internet Explorer 8 不支持 video 元素。在 IE 9 中，将提供对使用 MPEG4 的 video 元素

的支持。

<video> 标签的属性如附表 2 所示。

附表 2 <video>标签的属性

属性	值	描述
autoplay	autoplay	如果出现该属性，则视频在就绪后马上播放
controls	controls	如果出现该属性，则向用户显示控件，比如播放按钮
height	pixels	设置视频播放器的高度
loop	loop	如果出现该属性，则当媒介文件完成播放后再次开始播放
preload	preload	如果出现该属性，则视频在页面加载时进行加载，并预备播放 如果使用 "autoplay"，则忽略该属性
src	url	要播放的视频的 URL
width	pixels	设置视频播放器的宽度

A.3 HTML 5 Video + DOM

HTML5 <video> - 使用 DOM 进行控制，HTML5 <video> 元素同样拥有方法、属性和事件。其中的方法用于播放、暂停以及加载等。其中的属性（比如时长、音量等）可以被读取或设置。其中的 DOM 事件能够通知您，比方说，<video> 元素开始播放、已暂停，已停止等。

下例演示如何使用 <video> 元素，读取并设置属性，以及如何调用方法。

实例：为视频创建简单的播放/暂停以及调整尺寸控件

```
<video id="video1" width="420" style="margin-top:15px;">
    <source src="/example/html5/mov_bbb.mp4" type="video/mp4" />
    <source src="/example/html5/mov_bbb.ogg" type="video/ogg" />
    Your browser does not support HTML5 video.
 </video>
```

可以到 http://www.w3school.com.cn/tiy/t.asp?f=html5_video_dom 亲自试一试。页面效果如附图 1 所示。

附图 1 视频播放

上面的例子调用了两个方法：play() 和 pause()。它同时使用了两个属性：paused 和 width。

HTML5 <video> - 方法、属性以及事件

下面列出了大多数浏览器支持的视频方法、属性和事件，如附表 3 所示。

附表 3 视频方法、属性和事件

方法	属性	事件
play()	currentSrc	play
pause()	currentTime	pause
load()	videoWidth/ videoHeight	progress
canPlayType	duration	error
	ended	timeupdate
	error	ended
	paused	abort
	muted	empty
	seeking	emptied
	volume	waiting
	height/ width	loadedmetadata

注释：在所有属性中，只有 videoWidth 和 videoHeight 属性是立即可用的。在视频的元数据已加载后，其他属性才可用。

A.4 HTML 5 音频

HTML5 提供了播放音频的标准。

直到现在，仍然不存在一项旨在网页上播放音频的标准。今天，大多数音频是通过插件（比如 Flash）来播放的。然而，并非所有浏览器都拥有同样的插件。

HTML5 规定了一种通过 audio 元素来包含音频的标准方法。

audio 元素能够播放声音文件或者音频流。

当前，audio 元素支持 3 种音频格式，如附表 4 所示。

附表 4 audio 元素支持的 3 种音频格式

	IE 9	Firefox 3.5	Opera 10.5	Chrome 3.0	Safari 3.0
Ogg Vorbis		√	√	√	
MP3	√			√	√
Wav		√	√		√

如需在 HTML5 中播放音频，您所有需要的是：

```
<audio src="song.ogg" controls="controls">
</audio>
```

control 属性供添加播放、暂停和音量控件。

<audio> 与 </audio> 之间插入的内容是供不支持 audio 元素的浏览器显示的：

实例

```
<audio src="song.ogg" controls="controls">
Your browser does not support the audio tag.
```

```
</audio>
```
可以到 http://www.w3school.com.cn/tiy/t.asp?f=html5_audio_simple 亲自试一试。

上面的例子使用一个 Ogg 文件，适用于 Firefox、Opera 以及 Chrome 浏览器。

要确保适用于 Safari 浏览器，音频文件必须是 MP3 或 Wav 类型。

audio 元素允许多个 source 元素。source 元素可以链接不同的音频文件。浏览器将使用第一个可识别的格式：

实例

```
<audio controls="controls">
  <source src="song.ogg" type="audio/ogg">
  <source src="song.mp3" type="audio/mpeg">
Your browser does not support the audio tag.
</audio>
```
可以到 http://www.w3school.com.cn/tiy/t.asp?f=html5_audio_all 亲自试一试。

Internet Explorer 8 不支持 audio 元素。在 IE 9 中，提供对 audio 元素的支持。

<audio> 标签的属性如附表 5 所示。

附表 5　　　　　　　　　　　　　　　　<audio>标签的属性

属性	值	描述
autoplay	autoplay	如果出现该属性，则音频在就绪后马上播放
controls	controls	如果出现该属性，则向用户显示控件，比如播放按钮
loop	loop	如果出现该属性，则每当音频结束时重新开始播放
preload	preload	如果出现该属性，则音频在页面加载时进行加载，并预备播放 如果使用 "autoplay"，则忽略该属性
src	url	要播放的音频的 URL

A.5　HTML 5 拖放

拖放（Drag 和 drop）是 HTML5 标准的组成部分。

拖放是一种常见的特性，即抓取对象以后拖到另一个位置。在 HTML5 中，拖放是标准的一部分，任何元素都能够拖放。

Internet Explorer 9、Firefox、Opera 12、Chrome 以及 Safari 5 支持拖放。

下面是一个简单的拖放实例：

```
<!DOCTYPE HTML>
<html>
<head>
<script type="text/javascript">
function allowDrop(ev)
{
ev.preventDefault();
}

function drag(ev)
{
ev.dataTransfer.setData("Text",ev.target.id);
```

```
}

function drop(ev)
{
ev.preventDefault();
var data=ev.dataTransfer.getData("Text");
ev.target.appendChild(document.getElementById(data));
}
</script>
</head>
<body>

<div id="div1" ondrop="drop(event)"
ondragover="allowDrop(event)"></div>
<img id="drag1" src="img_logo.gif" draggable="true"
ondragstart="drag(event)" width="336" height="69" />

</body>
</html>
```

可以到 http://www.w3school.com.cn/tiy/t.asp?f=html5_ draganddrop 亲自试一试。

拖放事件制作过程

（1）设置元素为可拖放

为了使元素可拖动，把 draggable 属性设置为 true：

```
<img draggable="true" />
```

（2）拖动什么 - ondragstart 和 setData()

规定当元素被拖动时，会发生什么。ondragstart 属性调用了一个函数，drag(*event*)，它规定了被拖动的数据。

dataTransfer.setData() 方法设置被拖数据的数据类型和值：

```
function drag(ev)
{
ev.dataTransfer.setData("Text",ev.target.id);
}
```

（3）放到何处 - ondragover

ondragover 事件规定在何处放置被拖动的数据。默认地，无法将数据/元素放置到其他元素中。如果需要设置允许放置，我们必须阻止对元素的默认处理方式。

这要通过调用 ondragover 事件的 event.preventDefault() 方法：

event.preventDefault()

（4）进行放置 - ondrop

当放置被拖数据时，会发生 drop 事件。ondrop 属性调用了一个函数，drop(*event*)：

```
function drop(ev)
{
ev.preventDefault();
var data=ev.dataTransfer.getData("Text");
ev.target.appendChild(document.getElementById(data));
}
```

代码解释：

- 调用 preventDefault() 来避免浏览器对数据的默认处理（drop 事件的默认行为是以链接形式打开）

- 通过 dataTransfer.getData("Text") 方法获得被拖的数据。该方法将返回在 setData() 方法中设置为相同类型的任何数据
- 被拖数据是被拖元素的 id ("drag1")
- 把被拖元素追加到放置元素（目标元素）中

A.6　HTML 5 Canvas

canvas 元素用于在网页上绘制图形。

HTML5 的 canvas 元素使用 JavaScript 在网页上绘制图像。

画布是一个矩形区域，您可以控制其每一像素。

canvas 拥有多种绘制路径、矩形、圆形、字符以及添加图像的方法。

1. 创建 Canvas 元素

向 HTML5 页面添加 canvas 元素。

规定元素的 id、宽度和高度：

```
<canvas id="myCanvas" width="200" height="100"></canvas>
```

2. 通过 JavaScript 来绘制

canvas 元素本身是没有绘图能力的。所有的绘制工作必须在 JavaScript 内部完成：

```
<script type="text/javascript">
var c=document.getElementById("myCanvas");
var cxt=c.getContext("2d");
cxt.fillStyle="#FF0000";
cxt.fillRect(0,0,150,75);
</script>
```

JavaScript 使用 id 来寻找 canvas 元素：

```
var c=document.getElementById("myCanvas");
```

然后，创建 context 对象：

```
var cxt=c.getContext("2d");
```

getContext("2d") 对象是内建的 HTML5 对象，拥有多种绘制路径、矩形、圆形、字符以及添加图像的方法。

下面的两行代码绘制一个红色的矩形：

```
cxt.fillStyle="#FF0000";
cxt.fillRect(0,0,150,75);
```

fillStyle 方法将其染成红色，fillRect 方法规定了形状、位置和尺寸。

上面的 fillRect 方法拥有参数 (0,0,150,75)。

意思是：在画布上绘制 150x75 的矩形，从左上角开始 (0,0)。

如附图 2 所示，画布的 X 和 Y 坐标用于在画布上对绘画进行定位。

实例：把鼠标悬停在矩形上可以看到坐标

关键代码

```
<script type="text/javascript">
function cnvs_getCoordinates(e)
{
x=e.clientX;
y=e.clientY;
```

```
document.getElementById("xycoordinates").innerHTML="Coordinates: (" + x + "," + y + ")";
}

function cnvs_clearCoordinates()
{
document.getElementById("xycoordinates").innerHTML="";
}
</script>
```

//省略部分 html 代码

```
<div    id="coordiv"    style="float:left;width:199px;height:99px;border:1px    solid
#c3c3c3" onmousemove="cnvs_getCoordinates(event)" onmouseout="cnvs_clearCoordinates
()"></div>
```

可以到 http://www.w3school.com.cn/tiy/t.asp?f=html5_canvas_coordinates 亲自试一试。

3. 更多 Canvas 实例

（1）实例 - 线条

通过指定从何处开始，在何处结束，来绘制一条线，如附图 3 所示。

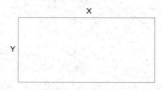

附图 2　画布

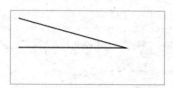

附图 3　绘制线条

JavaScript 代码：

```
<script type="text/javascript">
var c=document.getElementById("myCanvas");
var cxt=c.getContext("2d");
cxt.moveTo(10,10);
cxt.lineTo(150,50);
cxt.lineTo(10,50);
cxt.stroke();
</script>
```

canvas 元素：

```
<canvas id="myCanvas" width="200" height="100" style="border:1px solid #c3c3c3;">
Your browser does not support the canvas element.
</canvas>
```

可以到 http://www.w3school.com.cn/tiy/t.asp?f=html5_canvas_line 亲自试一试。

（2）实例 - 圆形

通过规定尺寸、颜色和位置，来绘制一个圆，如附图 4 所示。

JavaScript 代码：

```
<script type="text/javascript">
var c=document.getElementById("myCanvas");
var cxt=c.getContext("2d");
cxt.fillStyle="#FF0000";
cxt.beginPath();
cxt.arc(70,18,15,0,Math.PI*2,true);
cxt.closePath();
cxt.fill();
</script>
```

canvas 元素：

```
<canvas id="myCanvas" width="200" height="100" style="border:1px solid #c3c3c3;">
Your browser does not support the canvas element.
</canvas>
```

可以到 http://www.w3school.com.cn/tiy/t.asp?f=html5_canvas_circle 亲自试一试。

（3）实例 - 图像

把一幅图像放置到画布上，如附图 5 所示。

附图 4　绘制图形

附图 5　绘制图像

JavaScript 代码：

```
<script type="text/javascript">
var c=document.getElementById("myCanvas");
var cxt=c.getContext("2d");
var img=new Image()
img.src="flower.png"
cxt.drawImage(img,0,0);
</script>
```

canvas 元素：

```
<canvas id="myCanvas" width="200" height="100" style="border:1px solid #c3c3c3;">
Your browser does not support the canvas element.
</canvas>
```

可以到 http://www.w3school.com.cn/tiy/t.asp?f=html5_canvas_image 亲自试一试。

A.7　HTML5 地理定位

HTML5 Geolocation（地理定位）用于定位用户的位置。

在谷歌地图上显示您的位置，可以到 http://www.w3school.com.cn/tiy/t.asp?f=html5_geolocation_map_script 亲自试一试。

HTML5 Geolocation API 用于获得用户的地理位置。

鉴于该特性可能侵犯用户的隐私，除非用户同意，否则用户位置信息是不可用的。

Internet Explorer 9、Firefox、Chrome、Safari 以及 Opera 支持地理定位。

注释：对于拥有 GPS 的设备，比如 iPhone，地理定位更加精确。

1. HTML5 – 使用地理定位

使用 getCurrentPosition() 方法来获得用户的位置。下例是一个简单的地理定位实例，可返回用户位置的经度和纬度。

```
<script>
var x=document.getElementById("demo");
function getLocation()
  {
  if (navigator.geolocation)
```

```
    {
    navigator.geolocation.getCurrentPosition(showPosition);
    }
  else{x.innerHTML="Geolocation is not supported by this browser.";}
  }
function showPosition(position)
  {
  x.innerHTML="Latitude: " + position.coords.latitude +
  "<br />Longitude: " + position.coords.longitude;
  }
</script>
```

可以到 http://www.w3school.com.cn/tiy/t.asp?f=html5_geolocation 亲自试一试

- 检测是否支持地理定位
- 如果支持，则运行 getCurrentPosition() 方法。如果不支持，则向用户显示一段消息。
- 如果 getCurrentPosition()运行成功，则向参数 showPosition 中规定的函数返回一个 coordinates 对象
- showPosition() 函数获得并显示经度和纬度

上面的例子是一个非常基础的地理定位脚本，不含错误处理。

getCurrentPosition() 方法的第二个参数用于处理错误。它规定当获取用户位置失败时运行的函数：

实例

```
function showError(error)
  {
  switch(error.code)
    {
    case error.PERMISSION_DENIED:
      x.innerHTML="User denied the request for Geolocation."
      break;
    case error.POSITION_UNAVAILABLE:
      x.innerHTML="Location information is unavailable."
      break;
    case error.TIMEOUT:
      x.innerHTML="The request to get user location timed out."
      break;
    case error.UNKNOWN_ERROR:
      x.innerHTML="An unknown error occurred."
      break;
    }
  }
```

可以到 http://www.w3school.com.cn/tiy/t.asp?f=html5_geolocation_error 亲自试一试。

错误代码：

- Permission denied - 用户不允许地理定位
- Position unavailable - 无法获取当前位置
- Timeout - 操作超时

2. 在地图中显示结果

如需在地图中显示结果，您需要访问可使用经纬度的地图服务，比如谷歌地图或百度地图：

实例

```
function showPosition(position)
```

```
{
var latlon=position.coords.latitude+","+position.coords.longitude;

var img_url="http://maps.googleapis.com/maps/api/staticmap?center="
+latlon+"&zoom=14&size=400x300&sensor=false";

document.getElementById("mapholder").innerHTML="<img src='"+img_url+"' />";
}
```

可以到 http://www.w3school.com.cn/tiy/t.asp?f=html5_geolocation_map 亲自试一试。

在上例中，我们使用返回的经纬度数据在谷歌地图中显示位置（使用静态图像）。

http://www.w3school.com.cn/tiy/t.asp?f=html5_geolocation_map_script

上面的链接向您演示如何使用脚本来显示带有标记、缩放和拖曳选项的交互式地图。

3. 给定位置的信息

演示的是如何在地图上显示用户的位置。不过，地理定位对于给定位置的信息同样很有用处。

案例：

● 更新本地信息

● 显示用户周围的兴趣点

● 交互式车载导航系统 (GPS)

getCurrentPosition() 方法 - 返回数据

若成功，则 getCurrentPosition() 方法返回对象。始终会返回 latitude、longitude 以及 accuracy 属性。如果可用，则会返回如附表 6 所示的属性。

附表 6　　　　　　　　　　　　　　　　　位置信息属性

属性	描述
coords.latitude	十进制数的纬度
coords.longitude	十进制数的经度
coords.accuracy	位置精度
coords.altitude	海拔，海平面以上以米计
coords.altitudeAccuracy	位置的海拔精度
coords.heading	方向，从正北开始以度计
coords.speed	速度，以米/每秒计
timestamp	响应的日期/时间

watchPosition() - 返回用户的当前位置，并继续返回用户移动时的更新位置（就像汽车上的 GPS）。

clearWatch() - 停止 watchPosition() 方法

下面的例子展示 watchPosition() 方法。您需要一台精确的 GPS 设备来测试该例（比如 iPhone）：

实例

```
<script>
var x=document.getElementById("demo");
function getLocation()
  {
  if (navigator.geolocation)
```

```
  {
  navigator.geolocation.watchPosition(showPosition);
  }
 else{x.innerHTML="Geolocation is not supported by this browser.";}
 }
function showPosition(position)
 {
 x.innerHTML="Latitude: " + position.coords.latitude +
 "<br />Longitude: " + position.coords.longitude;
 }
</script>
```

A.8 HTML 5 Web 存储

HTML5 提供了两种在客户端存储数据的新方法：

● localStorage - 没有时间限制的数据存储

● sessionStorage - 针对一个 session 的数据存储

之前，这些都是由 cookie 完成的。但是 cookie 不适合大量数据的存储，因为它们由每个对服务器的请求来传递，这使得 cookie 速度很慢而且效率也不高。

在 HTML5 中，数据不是由每个服务器请求传递的，而是只有在请求时使用数据。它使在不影响网站性能的情况下存储大量数据成为可能。

对于不同的网站，数据存储于不同的区域，并且一个网站只能访问其自身的数据。

HTML5 使用 JavaScript 来存储和访问数据。

1. localStorage 方法

localStorage 方法存储的数据没有时间限制。第二天、第二周或下一年之后，数据依然可用。

（1）创建和访问 localStorage：

实例

```
<script type="text/javascript">
localStorage.lastname="Smith";
document.write(localStorage.lastname);
</script>
```

可以到 http://www.w3school.com.cn/tiy/t.asp?f=html5_webstorage_local 亲自试一试。

（2）对用户访问页面的次数进行计数：

实例

```
<script type="text/javascript">
if (localStorage.pagecount)
 {
 localStorage.pagecount=Number(localStorage.pagecount) +1;
 }
else
 {
 localStorage.pagecount=1;
 }
document.write("Visits "+ localStorage.pagecount + " time(s).");
</script>
```

可以到 http://www.w3school.com.cn/tiy/t.asp?f=html5_webstorage_local_pagecount 亲自试一试。

2. sessionStorage 方法

sessionStorage 方法针对一个 session 进行数据存储。当用户关闭浏览器窗口后，数据会被删除。

（1）创建并访问一个 sessionStorage：

实例

```
<script type="text/javascript">
sessionStorage.lastname="Smith";
document.write(sessionStorage.lastname);
</script>
```

可以到 http://www.w3school.com.cn/tiy/t.asp?f=html5_webstorage_session 亲自试一试。

（2）对用户在当前 session 中访问页面的次数进行计数：

实例

```
<script type="text/javascript">
if (sessionStorage.pagecount)
  {
  sessionStorage.pagecount=Number(sessionStorage.pagecount) +1;
  }
else
  {
  sessionStorage.pagecount=1;
  }
document.write("Visits "+sessionStorage.pagecount+" time(s) this session.");
</script>
```

可以到 http://www.w3school.com.cn/tiy/t.asp?f=html5_webstorage_session_pagecount 亲自试一试。

A.9　HTML 5 应用程序缓存

使用 HTML5，通过创建 cache manifest 文件，可以轻松地创建 web 应用的离线版本。

HTML5 引入了应用程序缓存，这意味着 web 应用可进行缓存，并可在没有因特网连接时进行访问。

应用程序缓存为应用带来三个优势：

● 离线浏览 - 用户可在应用离线时使用它们

● 速度 - 已缓存资源加载得更快

● 减少服务器负载 - 浏览器将只从服务器下载更新过或更改过的资源。

所有主流浏览器均支持应用程序缓存，除了 Internet Explorer。

HTML5 Cache Manifest 实例

下面的例子展示了带有 cache manifest 的 HTML 文档（供离线浏览）：

实例

```
<!DOCTYPE HTML>
<html manifest="demo.appcache">

<body>
The content of the document......
</body>

</html>
```

可以到 http://www.w3school.com.cn/tiy/t.asp?f=html5_html_manifest 亲自试一试。

如需启用应用程序缓存，请在文档的 <html> 标签中包含 manifest 属性：

```
<!DOCTYPE HTML>
<html manifest="demo.appcache">
...
</html>
```

每个指定了 manifest 的页面在用户对其访问时都会被缓存。如果未指定 manifest 属性，则页面不会被缓存（除非在 manifest 文件中直接指定了该页面）。

manifest 文件的建议的文件扩展名是：".appcache"。

请注意，manifest 文件需要配置正确的 MIME-type，即 text/cache-manifest。必须在 web 服务器上进行配置。

manifest 文件是简单的文本文件，它告知浏览器被缓存的内容（以及不缓存的内容）。

manifest 文件可分为三个部分：

- CACHE MANIFEST - 在此标题下列出的文件将在首次下载后进行缓存
- NETWORK - 在此标题下列出的文件需要与服务器的连接，且不会被缓存
- FALLBACK - 在此标题下列出的文件规定当页面无法访问时的回退页面（比如 404 页面）

第一行，CACHE MANIFEST，是必需的：

```
CACHE MANIFEST
/theme.css
/logo.gif
/main.js
```

上面的 manifest 文件列出了三个资源：一个 CSS 文件，一个 GIF 图像，以及一个 JavaScript 文件。当 manifest 文件加载后，浏览器会从网站的根目录下载这三个文件。然后，无论用户何时与因特网断开连接，这些资源依然是可用的。

下面的 NETWORK 规定文件 login.asp 永远不会被缓存，且离线时是不可用的：

```
NETWORK:
login.asp
```

可以使用星号来指示所有其他资源/文件都需要因特网连接：

```
NETWORK:
*
```

下面的 FALLBACK 规定如果无法建立因特网连接，则用 offline.html 替代 /html5/ 目录中的所有文件：

```
FALLBACK:
/html5/ /404.html
```

其中第一个 URI 是资源，第二个是替补。

一旦应用被缓存，它就会保持缓存直到发生下列情况：

- 用户清空浏览器缓存
- manifest 文件被修改（参阅下面的提示）
- 由程序来更新应用缓存

实例 - 完整的 Manifest 文件

```
CACHE MANIFEST
# 2014-02-21 v1.0.0
/theme.css
```

```
/logo.gif
/main.js

NETWORK:
login.asp

FALLBACK:
/html5/ /404.html
```

A.10   HTML 5 Web Workers

web worker 是运行在后台的 JavaScript，不会影响页面的性能。

当在 HTML 页面中执行脚本时，页面的状态是不可响应的，直到脚本已完成。

web worker 是运行在后台的 JavaScript，独立于其他脚本，不会影响页面的性能。您可以继续做任何愿意做的事情：点击、选取内容等，而此时 web worker 在后台运行。

所有主流浏览器均支持 web worker，除了 Internet Explorer。

HTML5 Web Workers 实例

下面的例子创建了一个简单的 web worker，在后台计数，如附图 6 所示。

计数：12

开始 Worker   停止 Worker

附图 6   web worker 实例

可以到 http://www.w3school.com.cn/tiy/t.asp?f=html5_webworker 亲自试一试。

1. 检测 Web Worker 支持

在创建 web worker 之前，请检测用户的浏览器是否支持它：

```
if(typeof(Worker)!=="undefined")
  {
  // Yes! Web worker support!
  // Some code.....
  }
else
  {
  // Sorry! No Web Worker support..
  }
```

2. 创建 web worker 文件

在外部 JavaScript 中创建我们的 web worker。用来创建计数脚本。该脚本存储于 "demo_workers.js" 文件中：

```
var i=0;

function timedCount()
{
i=i+1;
postMessage(i);
setTimeout("timedCount()",500);
}

timedCount();
```

以上代码中重要的部分是 postMessage() 方法 - 它用于向 HTML 页面传回一段消息。web worker 通常不用于如此简单的脚本，而是用于更耗费 CPU 资源的任务。

3. 创建 Web Worker 对象

我们已经有了 web worker 文件，现在我们需要从 HTML 页面调用它。

下面的代码检测是否存在 worker，如果不存在，- 它会创建一个新的 web worker 对象，然后运行 "demo_workers.js" 中的代码：

```
if(typeof(w)=="undefined")
  {
  w=new Worker("demo_workers.js");
  }
```

然后我们就可以从 web worker 发生和接收消息了。

向 web worker 添加一个 "onmessage" 事件监听器：

```
w.onmessage=function(event){
document.getElementById("result").innerHTML=event.data;
};
```

当 web worker 传递消息时，会执行事件监听器中的代码。event.data 中存有来自 event.data 的数据。

4. 终止 Web Worker

当我们创建 web worker 对象后，它会继续监听消息（即使在外部脚本完成之后）直到其被终止为止。如需终止 web worker，并释放浏览器/计算机资源，请使用 terminate() 方法：w.terminate();

完整的 Web Worker 实例代码

我们已经看到了 .js 文件中的 Worker 代码。下面是 HTML 页面的代码：

实例

```
<!DOCTYPE html>
<html>
<body>

<p>Count numbers: <output id="result"></output></p>
<button onclick="startWorker()">Start Worker</button>
<button onclick="stopWorker()">Stop Worker</button>
<br /><br />

<script>
var w;

function startWorker()
{
if(typeof(Worker)!=="undefined")
{
  if(typeof(w)=="undefined")
    {
    w=new Worker("demo_workers.js");
    }
  w.onmessage = function (event) {
    document.getElementById("result").innerHTML=event.data;
  };
}
else
{
document.getElementById("result").innerHTML="Sorry, your browser
```

```
does not support Web Workers...";
}
}

function stopWorker()
{
w.terminate();
}
</script>

</body>
</html>
```

可以到 http://www.w3school.com.cn/tiy/t.asp?f=html5_webworker 亲自试一试。

A.11　HTML 5 服务器发送事件

HTML5 服务器发送事件（server-sent event）允许网页获得来自服务器的更新。

Server-Sent 事件 - 单向消息传递，指的是网页自动获取来自服务器的更新。

以前也可能做到这一点，前提是网页不得不询问是否有可用的更新。通过服务器发送事件，更新能够自动到达。

例子：Facebook/Twitter 更新、估价更新、新的博文、赛事结果等。

所有主流浏览器均支持服务器发送事件，除了 Internet Explorer。

1.　接收 Server–Sent 事件通知

EventSource 对象用于接收服务器发送事件通知：

实例

```
var source=new EventSource("demo_sse.php");
source.onmessage=function(event)
  {
  document.getElementById("result").innerHTML+=event.data + "<br />";
  };
```

可以到 http://www.w3school.com.cn/tiy/t.asp?f=html5_sse 亲自试一试。

例子解释：

● 创建一个新的 EventSource 对象，然后规定发送更新的页面的 URL（本例中是 demo_sse.php）

● 每接收到一次更新，就会发生 onmessage 事件

● 当 onmessage 事件发生时，把已接收的数据推入 id 为 result 的元素中

2.　检测 Server–Sent 事件支持

在上面的实例中，我们编写了一段额外的代码来检测服务器发送事件的浏览器支持情况：

```
if(typeof(EventSource)!=="undefined")
  {
  // Yes! Server-sent events support!
  // Some code.....
  }
else
  {
  // Sorry! No server-sent events support..
  }
```

3. 服务器端代码实例

为了让上面的例子可以运行，您还需要能够发送数据更新的服务器（比如 PHP 和 ASP）。

服务器端事件流的语法是非常简单的。把 Content-Type 报头设置为 text/event-stream。现在，您可以开始发送事件流了。

PHP 代码 (demo_sse.php)：

```php
<?php
header('Content-Type: text/event-stream');
header('Cache-Control: no-cache');

$time = date('r');
echo "data: The server time is: {$time}\n\n";
flush();
?>
```

ASP 代码 (VB) (demo_sse.asp)：

```asp
<%
Response.ContentType="text/event-stream"
Response.Expires=-1
Response.Write("data: " & now())
Response.Flush()
%>
```

代码解释：

- 把报头 Content-Type 设置为 text/event-stream
- 规定不对页面进行缓存
- 输出发送日期（始终以 data: 开头）
- 向网页刷新输出数据

附录 B
客户端页面开发规范

第一部分　目的

1. 确保产品前后课程的统一；
2. 确保实现方式的专业性和企业实际开发一致。

第二部分　UI 界面和编码规范

一、网站目录结构的规划

1. 网站目录结构规范

1.1 目录建立的原则：以最少的层次提供最清晰、最简便的访问结构；

1.2 每个主要栏目开设一个相应的独立目录；

1.3 目录的命名以小写英文字母、下划线组成（对于类似 VS2008 开发工具，则采用自动生成的结构，保证大小写统一即可）；

1.4 通用的目录结构命名规范及存放内容：

- 中大型项目（较大的项目案例、阶段项目、毕业设计、贯穿案例）
  - 根目录：只存放网站主页文件（如 index.html）及其他必须的系统文件
  - images：根目录下的 images 用于存放各页面都使用的公用图片，子目录下的 images 目录存放本栏目页面使用的私有图片；
  - templates：存放为保持风格统一的模板页，例如：header 页、footer 页等。
  - include：存放为代码重用的源码文件，例如：通用函数（方法）、类的源码等；
  - css：存放各类样式文件；
  - js：存放 JavaScript 脚本文件；
  - admin：管理后台文件夹，只存放管理后台的程序逻辑文件，不存放模板。
  - language：语言文件夹，存放不同语言显示文字与变量对应的文件。
  - plugins：存放扩展插件文件，每个插件一个子目录；
  - upload：存放用户上传头像等；

> media：存放 flash、avi 等多媒体文件
- 小型项目（平时章节学习用的小案例或小的项目案例）
  > 根目录：存放组织结构页面，如 index.htm，header 页、footer 页等；
  > js：存放 JavaScript 脚本文件；
  > images：存放网站图片，其下可再分类存放各类图片；
  > css：存放 css 文件；

说明：以上只规定通用的文件夹，至于网站的各栏目，则需要在根目录下创建相应的文件夹进行单独存放。

2. 网页文件命名的规范

2.1 文件命名的原则：必须具有语义化，在此基础上以最少的字母达到最容易理解的意义；

2.2 文件名统一采用小写英文字母、数字，用下划线体现层次，层次最多不超过三层；例如："index.html"、 "search_header.html"；

2.3 多个同类型文件加下划线和数字命名，不够两位数用 0 补齐。例如：news_01.htm、news_02.htm；

2.4 通用的文件名及其含义：
  > index.html 首页
  > header.html 顶部
  > footer.html 底部
  > login.html 登录
  > register.html 注册页
  > search.html 搜索页
  > buy.html 购买页

说明：网页文件名（动态网页则改文件名后缀，例如：buy.jsp）。

3. 图片文件命名的规范

3.1 图片命名的规定：取名必须有意义，并分类存放在对应版块 images 目录下；

3.2 通用的图片文件名及其含义：

（1）网站修饰外观图标：
  > 全局背景图，bg.gif
  > 全局小图标，icon.gif

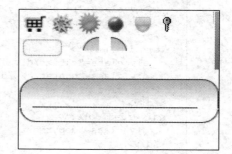

说明：

推荐将网站用到的多个小图标放到 1 个背景图中，然后使用背景偏移量技术截取各小图标进行显示，例如右图背景图和下图的显示效果。

源码示例：见附件-导航小图标的流行做法。

（2）局部背景图：h_bg.jpg（h 为 header 缩写）

（3）网站中内容图片：
  > 网站 Logo 标志：logo.jpg

> 登录图标：login.gif
> 关闭图标：close.gif
> 只有在紧邻并列图片中使用数字：如首页产品图片用 promote_01.jpg,promote_02.jpg 等

二、网站布局的规范

1．整体布局的规范

1.1 除个别特殊情况外（需各方向负责人确认），均采用 DIV+CSS 主流布局，尽量少用表格布局；表格仅用于表单布局、规则的结构化数据显示；

1.2 网站设计推荐使用如下的基本框架结构，在此基础上进行扩展或精简；

说明：

（1）推荐在最外层添加整体的容器层 container

（2）各区块及区块下细分的小块，命名要遵守如下通用命名，因为 W3C 已将部分命名纳入为 HTML5 的常用标签了：

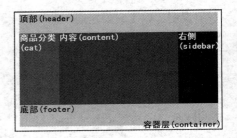

> container：整个页面容器层
> header:顶部
> main:中间块的内容主体
> sidebar：左/右侧栏
> content:：内容
> footer：底部
> logo：公司标志
> copyright：版权部分

1.3 区域分块使用 ID 命名；区域中的小块使用 class 命名，示例如下：

```
<div id="container">
  <div id="header">
    <div class="logo"></div>
    <div class="nav"></div>
  </div>
  <div id="main">
    <div class="cat"></div>
    <div class="content"></div>
    <div class="sidebar"></div>
  </div>
  <div id="footer">
    <div class="copyright"></div>
  </div>
</div>
```

> 区域分块的命名采用 ID
> 区域内小块的命名采用 clas

说明：

（1）class 和 ID 推荐的使用场合

● ID 使用的场合：ID 要求命名唯一，推荐使用场合：

> 页面整体布局的大区块划分 DIV 用 ID 标识；
> 如页面中使用了 DIV 标签，并希望通过动态改变 DIV 内的内容（如 Tab 切换特效、Tips 提示特效），则只能使用 ID，方便使用 JavaScript 中的 getElementByID 方法访问（注意

DIV 标签没有 name 属性）；

> 表单<form>的标识：W3C XHTML1.0 推荐使用 ID，而不是 name；
> 表单控件的命名，JavaScript 的客户端验证时，如希望通过 getElementByID 方法获得表单控件的值，则必须使用 ID。

- class 使用的场合：一般用于应用类样式，推荐使用场合：

> 整体布局中大区块下的小块，样式放到类样式中，然后使用 class 应用该类样式；
> 多个标签或块有相同样式时，将共同的样式放到类样式中，然后使用 class 应用该类样式。

（2）完整的布局源码示例：见附件-贵美首页布局

1.4 不能采用 top、left 等坐标进行绝对定位的方式进行布局，绝对定位的方式仅用于对联广告等特殊场合；

1.5 页面尺寸的规范：按"1024*768"分辨率制作，首页宽度推荐大小：960 px 左右；页面长度不超过 2 屏，宽度不超过一屏。

2. 局部布局的规范

2.1 页面内容组织原则：层次结构嵌套越少越好，减少多余标签；

2.2 页面内容组织优先考虑常用的 4 种局部布局结构：

> div-ul(ol)-li：常用于导航菜单或分类导航等场合；
> div-dl-dt-dd：常用于图文混编场合；
> table-tr-td：常用于显规则的结构数据的场合；
> form-table-tr-td：常用于布局表单的场合；

说明：

源码示例：见附件-典型的局部布局结构

三、网页编码的规范

1. HTML 的编码规范

1.1 HTML 编码原则：遵守 W3C XHTML 1.0 规范 transitional 以上（含）级别，并兼容 IE6、IE7、IE8 和 firefox3.5（IE8 菜单下"工具"-）"开发人员工具"可模拟 IE7 和 IE8，IE6 后续采用其他软件进行测试）；

1.2 推荐使用 DW CS4 创建静态页面（新建页面选用 XHTML 1.0 transitional 过度级别），可以使用 DW 或安装 Firefox 插件进行 W3C 规范检查。

1.3 HTML 编码遵守 W3C XHTML1.0 的基本规范：

> 所有标签都应该关闭，例如：<h1>…</h1>、
> 所有标签的元素和属性的名字都必须小写
> 所有的标签应该合理嵌套
> 所有的属性值必须用引号
> 所有属性必须有值，例如：<option checked="checked"></option>；
> 特殊符号用编码表示，例如：空格用 或 表示；
> 注释使用<!—这里是注释-->，注释内容不能再使用"--"。

1.4 不使用<b>、<font>、<marqueen>等不符合 W3C 标准的标签，可以参考 w3 教程：w3school.com.cn 或官方文档：w3c.org；

1.5 <img /> 标签必须有 src 及 alt 属性值，alt 值给出图片说明；

1.6 样式和内容分离的原则：标签中不出现风格属性（除宽高属性外），颜色、大小等修饰属性均放到 CSS 中进行设置；

1.7 表单控件的规范：

> 表单控件的提示文字推荐使用 label 标签实现，label 标签要和对应控件绑定；

> <form> 表单推荐使用 ID 而不用 name 标识，例如：<form id="mailForm" ……>

> 除单选按钮组外，控件的命名一般同时用 id 和 name 属性，两者取值相同。

> 控件的 ID 或 name 命名要求语义化，可以使用单个单词（或常见缩写）或多个单词组合，如多个单词，则第二个单词首字母大写。例如：age、userName 等。

1.8 注释的规范：对于复杂的 HTML 组织结构或页面布局，推荐使用 <!—   --> 添加必要的说明，提供代码的可读性和可维护性。

2. CSS 的编码规范

1.1 采用样式和内容分离的原则，多页面复用的样式必须采用外部样式文件的方式，单个页面使用的 CSS 采用内部样式的方式；尽量少用行内样式（内联样式）的方式

1.2 为增加可读性，添加样式尽量按块添加，添加缩进体现层次关系，并添加注释说明，示例如下：

```
/*头部 从 logo 到服务热线*/
#header {
    width:100%;
    height:136px;
    margin:0px auto;
    background:url(../images/h_bg.jpg) no-repeat -22px 0px;
    }

.logo {
  width:280px;
  height:100px;
  float:left;
  background:url(../images/h_bg.jpg) no-repeat -22px 0px;
      }
```

logo 有缩进，表明位于 header 顶部区块内容的 logo 部分

```
    /*右上方菜单 购物车 帮助中心 加入收藏 设为首页等，.pic1 至.pic4 分别为菜单前的小图标，
btn 为注册登录按钮，h_text 为头部文本*/
  .upright_menu {float:right;padding:15px 20px 0px 0px;}
    .pic{width:28px;height:26px;background:url(../images/icon.gif)
no-repeat;}
    .pic2{background-position:-28px 0px;}
    .pic3{background-position:-84px 0px;}
    .pic4{background-position:-112px 0px;}
```

.pic 等类样式有缩进，表明是.upright_menu 顶头右菜单中的 pic 图标样式

```
    .h_text{padding:6px 5px 0px 5px; padding-top:8px\0;text-align:center;}
      .btn {width:38px;background-position:0px -25px;}
```

1.3 推荐 class 的命名使用块名_子块名体现层次感、增加可读性：

为各块顶部起名类名，类名数尽量少。以块 ".nav" 为例，命名时，遵循如下规则：

> 块内列表项 nav_list

> 如布局零散则制定具体位置，如 menu_upright_

> 共同系列风格定义时，可出现数字，遵循如下规则：共用风格不用加数字，如.pic，如列表第一个与通用风格相同则可略过不命名，但第二个风格必须命名为.pic2

1.4 推荐使用的通用 CSS 风格：

将多个页面公用的风格定义为通用的类样式（如放入到 global,css），然后在对应标签中使用 class 引用，提高代码复用，例如：

> .f_l{float:left;} 左浮动
> .f_r{float:right;} 右浮动
> .f_n{float:none;} 取消浮动
> .a_l{text-align:left;} 左对齐
> .a_r{ text-align:right;} 右对齐
> .a_c{ text-align:center;} 居中
> .b{font-weight:bold}粗体

使用方法：例如：<li class="f_l">菜单项 1</li>

1.5 通用的 CSS 文件命名规范：

● 中大型项目（较大的项目案例、阶段项目、毕业设计、贯穿案例）

> global.css：全局样式，存放网站多个页面共用的 CSS 风格，例如统一的字体、大小、左浮动样式定义等；
> layout.css：整体布局样式，存放页面整体布局的 CSS 代码；

● 小型项目（平时章节学习用的小案例或小的项目案例）

> style.css：存放所有的 CSS 代码

1.6 推荐先定义多个标签或 DIv 块的共同样式，然后再分别定义各标签或块的特有样式，增加 CSS 的代码复用、方便修改维护，例如：

```
#mainMenu, #subMen { /*…….两个 div 块的共同样式……*/}
#mainMenu{/*…….单独定义#mainMenu 块的独特样式……*/  }
#subMenu{/*…….单独定义# subMenu 块的独特样式……*/  }
```

1.7 推荐采用样式的简写形式，方便修改维护，例如：常见的背景（background）、边框（border）、边界（margin）、填充（padding）常需要进行缩写，示例如下：

```
/*-----------------------------背景样式的简写示例-----------------------------*/
.search{
    background-color: #333;
    background-image: url(../images/icon.gif);
background-repeat:no-repear;
background-position:50% 50%
}
/*--简写为--*/
.search{background:#333 url(../images/icon.gif)  no-repear 50% 50%}

/*-----------------------------边框样式的简写示例-----------------------------*/
.logo{
  ……
  border-width:5px;
  border-color:#666;
  border-style:solid
}
```

```
/*--简写为--*/
.logo{
……
border:5px solid #666;
}


/*------------------------边界样式的简写示例------------------------*/
.logo{
……
margin-top:30px;
margin-left:auto;
margin-bottom:30px;
margin-left:auto;
}
/*--简写为--*/
.logo{
……
margin:30px auto;;
}


/*------------------------填充样式的简写示例------------------------*/
.logo{
……
padding-top:10px;
padding -left:20px;
padding -bottom:40px;
padding -left:80px;
}
/*--简写为--*/
.logo{
……
padding:10px 20px 40px 80px;;
}
```

1.8 在定义 CSS 常用属性时，为方便团队开发和后期维护，推荐使用以下顺序：显示与定位-》元素自身-》文本外观：

> 显示与定位常用属性有：display，position，float，list-style 等
> 元素自身：margin, padding, width, height，border，background 等
> 文本外观：color, font，line-height，text-align，text-decoration, 其他
> 同一类属性先后顺序不做要求，如元素自身：width, height，margin, padding, border, background

1.9 网页中通用字体为宋体：

> 局部可使用 黑体，Arial，Tahoma；
> 网页字体大小必须使用 12px 或 14px，黑体可使用 18px；
> 网页中需要重点强调或突出的部分可加粗，黑体任何时候都不加粗。

3. JavaScript 的编码规范

3.1 原则：尽量遵守 ECMAScript-262 标准（可以参考 W3shool.com.cn 中的 JavaScriot 教程）

3.2 命名规范

> 普通变量：除循环变量 i,j,k 等外，均采用：类型缩写+变量名，第二个单词字母大写。
各种数据类型的前缀推荐使用如下：

● iAge（整型）

- strMessage（字符串）
- fPrice（浮点）
- dtDate（日期）
- objDiv（对象）
- arrTag（数组）
- bLogic（逻辑值）
  - 常量：全部大写
  - 函数（方法）的命名：首字母小写；多个单词间不使用间隔，第二个单词首字母大写。例如： function delTable（ ）{ ……}。

3.3 注释规范：对于如下情况必须使用注释，包括：
  - 关键性语句(如关键的变量声明，条件判断 等);
  - 具有复杂参数列表的方法；

3.4 代码要有缩进，体现层次感。

3.5 声明规范
  - 一行声明一个变量
  - 不要将不同类型变量的声明放在同一行
  - 只在代码块的开始处声明变量
  - 方法与方法之间以空行分隔

3.6 语句规范
  - 每行至多包含一条简单语句
  - 一个带返回值的 return 语句不使用小括号"()"
  - if 语句总是用"{"和"}"括起来

3.7 if else swith for while 逻辑语句的写法：
  - 如果用到常量判断条件，推荐将常量放在等号或不等号的左边，避免逻辑错误。例如：if (6 == iErrorNum) ;

3.8 true/false 和 0/1 判断,遵循以下规则：
  - 不能使用 0/1 代替 true/false；
  - 不要使用非零的表达式、变量或者方法直接进行 true/false 判断，而必须使用严格的完整 true/false 判断；

例如：不使用 if (变量) 或者 if (函数()) ，而使用 if (false != 变量)或者 if (false!= 函数())

四、UI 界面规范

1. 原则
1.1 界面美观，能够吸引用户
1.2 内容健康，不涉及政治色彩、暴力、色情内容；

2. 界面风格规范
2.1 多个页面的网站风格保持一致，使用统一的 CSS；
2.2 不同界面中的同一功能应该使用同样的图标和图片。图标、图片的色调、风格尽量保持一致；
2.3 推荐整个网站必须定义统一的字体和字符集。例如：宋体、utf-8
2.4 网站的每个页面均出现 logo 标志。

［1］胡崧. HTML 从入门到精通[M]. 北京：中国青年出版社，2007.

［2］胡崧. Dreamweaver cs3+HTML 超炫网页设计与制作[M]. 北京：中国青年出版社，2008.

［3］知新文化. HTML 完全手册与速查辞典[M]. 北京：科学出版社，2007.

［4］侯天超. web 编程基础[M]. 北京：电子工业出版社，2011.

［5］孙鑫. HTML5、CSS 和 JavaScript 开发[M]. 北京：电子工业出版社，2012.

［6］叶青. 网页开发手记：HTML+CSS+JavaScript 实战详解[M]. 北京：电子工业出版社，2012.

［7］编委会. HTML、CSS 和 JavaScript 标准教程：实例版[M]. 北京：电子工业出版社，2007.

［8］杨选辉. 网页设计与制作教程[M]. 北京：清华大学出版社，2009.

［9］ERIC FREEMAN.Head First HTML 与 CSS、XHTML[M]. 北京：中国电力出版社，2008.

［10］张孝祥. JavaScript 网页开发[M]. 北京：清华大学出版社，2004.

［11］北京安博泰克北大青鸟信息技术有限公司职业研究院. ACCP 软件开发初级程序员学生用书[M]. 北京：科学技术文献出版社，2011.

［12］王志刚.HTML5 移动开发即学即用[M]. 北京：电子工业出版社，2012.

［13］李建民.ASP.NET 工程实训教程[M]. 北京：中国商业出版社，2010.

［14］http://www.baidu.com.

［15］http://www.w3school.com.cn.